本书受北京未来城市设计高精尖创新中心局级项目“绿色效能视域下的地下空间与生态景观互动研究”（X20020）
住房和城乡建设部科技计划项目“京津冀地区装配式建筑发展效率评价及推进策略研究”（2019-R-016）资助

装配式建筑

可持续发展的理论与实践

金占勇　著

中国建筑工业出版社

图书在版编目（CIP）数据

装配式建筑可持续发展的理论与实践 / 金占勇著
. —北京：中国建筑工业出版社，2021.10
ISBN 978-7-112-26621-0

Ⅰ. ①装…　Ⅱ. ①金…　Ⅲ. ①装配式构件—建筑工程—可持续性发展—研究　Ⅳ. ①TU3

中国版本图书馆 CIP 数据核字（2021）第 191393 号

责任编辑：张智芊
责任校对：芦欣甜

装配式建筑可持续发展的理论与实践
金占勇　著
*
中国建筑工业出版社出版、发行（北京海淀三里河路 9 号）
各地新华书店、建筑书店经销
逸品书装设计制版
北京建筑工业印刷厂印刷
*
开本：787 毫米 ×1092 毫米　1/16　印张：11¼　字数：208 千字
2021 年 8 月第一版　　2021 年 8 月第一次印刷
定价：**48.00** 元
ISBN 978-7-112-26621-0
（38155）

序言

PREFACE

建筑业是国民经济的支柱产业。改革开放以来，我国建筑业快速发展，建造能力不断增强，产业规模不断扩大，带动了大量关联产业，对经济社会发展、城乡建设和民生改善作出了重要贡献。随着中国特色社会主义进入新时代，牢固树立和贯彻落实创新、协调、绿色、开放、共享的发展理念，按照适用、经济、安全、绿色、美观的要求，深化建筑业“放管服”改革，促进建筑业持续健康发展，成为建筑业领域亟需研究的课题。装配式建筑作为一种全新的生产方式，具有施工效率高、人工成本低、能源消耗少等诸多优势，成为建筑业转型升级的新路径，得到了国家的认可和支持。

2016年，《国务院办公厅关于大力发展装配式建筑的指导意见》(国办发〔2016〕71号)中明确提出大力发展装配式建筑，力争用10年左右时间，使装配式建筑占新建建筑的比例达到30%。装配式建筑在我国的发展被提升到一个前所未有的新高度。2017年，住房和城乡建设部印发《“十三五”装配式建筑行动方案》(建科〔2017〕77号)，提出到2020年，全国装配式建筑占新建建筑的比例达到15%以上。2021年《住房和城乡建设部标准定额司关于2020年度全国装配式建筑发展情况的通报》(建司局函标〔2021〕33号)指出：“十三五”期间，全国31个省、自治区、直辖市和新疆生产建设兵团新开工装配式建筑占新建建筑面积的比例约为20.5%，完成了《“十三五”装配式建筑行动方案》的工作目标。

本书从装配式建筑与可持续发展理念的概念及内涵出发，回顾了我国装配式建筑的基本特征与变革路径，分析并总结了国内外装配式建筑的发展历程与经验，并以此为基础着眼于“以评促建”，开展了我国装配式建筑可持续发展水平评价的研究。以“京津冀地区”作为研究对象，分析了我国区域装配式建筑的发展现状，总结了我国装配式建筑可持续发展面临的问题和障碍，并提出了相应的对策建议。

本书由北京建筑大学城市经济与管理学院金占勇及其团队撰写完成，主要撰写人员包括：金占勇、夏爽、王萌、纪博雅、张曦、康晓辉、邱宵慧、曹晓云、黄春雷、赵海军、郭嘉奇及耿小涵。具体分工如下：第一章：康晓辉、张颖、王瑞；第二章：王萌、刘清越、耿小涵；第三章：邱宵慧、张曦、耿小涵；第四章：王萌、黄春雷、赵海军、郭嘉奇；第五章：夏爽、王萌、曹焕焕；第六章：曹晓云、纪博雅。金占勇负责本书框架整理及统稿工作。

感谢北京市住房和城乡建设委员会、北京未来城市设计高精尖创新中心、中国建筑设计研究院有限公司、中国建筑科学研究院有限公司、建科环能科技有限公司、首都儿科研究所附属儿童医院、首都医科大学附属北京世纪坛医院和暨南大学为本书提供的支持，尤其需要感谢中国建筑设计研究院有限公司徐斌博士；此外，本书参考了大量相关领域的文献资料，在此向有关作者表示感谢。

本书面向的对象主要是建筑业相关行政主管人员、建筑业企业从业人员、高校建筑与土木类相关专业研究人员等。希望本书的出版能够为装配式建筑领域的发展和成熟提供借鉴和参考，进而推动我国装配式建筑产业的可持续发展。

由于时间仓促，水平有限，书中难免有不妥之处，恳请读者指正。

目录 CONTENTS

第一章

建造方式变革与发展

2016年装配式建筑政策及要点

- 《国务院关于深入推进新型城镇化建设的若干意见》(国发〔2016〕8号)指出：要积极推广新型建材、装配式建筑和钢结构建筑。
- 《中共中央 国务院关于进一步加强城市规划建设管理工作的若干意见》(中发〔2016〕6号)提出：发展新型建造方式，大力推广装配式建筑。
- 李克强总理在《政府工作报告》中强调：大力发展钢结构和装配式建筑，加快标准化建设，提高建筑技术水平和工程质量。
- 《国务院办公厅关于大力发展装配式建筑的指导意见》(国办发〔2016〕71号)明确提出：力争用10年左右的时间，使装配式建筑占新建建筑面积的比例达到30%。

第一节　传统建造方式变革

一、传统建造方式的内涵

传统建造方式主要是指以现场湿作业为主的劳动密集型建筑生产方式。采用传统建造方式的建筑物指的是使用大型工具式模板，以工业化方法在现场灌筑混凝土承重墙体的房屋，其主要承重构件均由施工现场浇筑和砌筑而成。

传统建造方式又叫传统现浇建筑建造方式，其建造体系是以搭设脚手架、支设模板、绑扎钢筋、混凝土浇筑等施工过程为基础的钢筋混凝土现浇体系。传统建造体系最早起源于19世纪中叶，经历百余年的发展，传统建造体系已经逐渐成熟并成为建筑业中占据重要地位的建造体系。传统建造体系最大的优势是具有较好的结构稳定性和抗震性，但与此同时，劳动密集型、机械化水平低和高离散性等特征使得传统建造方式存在发展困境。

二、传统建造方式的发展困境

传统建造方式发展的困境主要体现在：

第一，设计、生产、施工相脱节，建造过程不连续；

第二，以单一技术推广应用为主，技术集成化程度低；

第三，现场以手工、湿作业为主，生产手段相对落后；

第四，依赖劳务分包进行粗放式经营，企业缺乏核心竞争力；

第五，以农民工为主体的低端劳动力，技能和素质较低；

第六，开发项目切块分割碎片化管理，工程难以高效组织。

虽然传统建造体系具有较好的结构整体性、稳定性和安全性，但其粗放密集型的生产方式致使其存在生产力水平低、能耗高、污染大、浪费多、管理混乱等诸多弊端。随着可持续发展理念的不断普及，以低廉劳动力为基础的传统建造体系正日益受到挑战，生产方式决定了生产质量、效率和资源消耗的水平，质量、效益、效率、资源和环境都是影响建造方式的因素，综合考虑，需要一种新的建筑生产方式来实现建筑业的绿色可持续发展，使传统生产方式向现代工业化生产方式转变。

第二节　新型建造方式发展

一、新型建造方式的内涵

（一）新型建造方式的含义

2016年2月21日，《中共中央 国务院关于进一步加强城市规划建设管理工作的若干意见》（中发〔2016〕6号）发布实施，提出九个方面共30条意见，其中在第四个方面“提升城市建筑水平”的第11条意见中提出“发展新型建造方式”，这是国家层面首次提出“新型建造方式”概念。

新型建造方式是指在建筑工程建造过程中，以“绿色化”为目标，以“智慧化”为技术手段，以“工业化”为生产方式，以工程总承包为实施载体，实现建造过程“节能环保，提高效率，提升品质，保障安全”的新型工程建设组织模式。

发展新型建造方式，就是要围绕“减少污染，提升效率，提升品质，保证安全”四个发展方向，实现建造生产方式由劳动密集型、资源集约型向现场工厂化、预制装配式的新型生产方式转变，实现建造组织方式由传统承发包模式向工程总承包模式过渡，实现建造管理方式由传统离散管理向标准化、信息化管理方式蜕变。

（二）新型建造方式与传统建造方式的区别

新型建造方式与传统建造方式相比，主要在五个方面存在不同：

1.理念不同

工业化思维方法。不同于设计与生产、施工脱节的传统建造方式，新型建造方式采用一体化、信息化协同设计，大大提升了工程质量和建设效率。

2.方式不同

系统化建造方式。传统建造方式通常是现场湿作业和手工操作，而新型建造方式通过装配化、专业化、精细化的方式施工。与传统建造方式相比，新型建筑建造速度快，受气候条件制约小，节约劳动力并可提高建筑质量。而传统建造方式弊端十分突出，比如：钢材、水泥浪费严重；用水量过大；工地脏、乱、差；有质量通病，开裂渗漏问题突出等。

3.模式不同

一体化管理模式。新型建造方式通过设计、生产、施工一体化，从工程建设高度组织化解决效益问题。

4.路径不同

新型工业化道路。传统建筑业中分散的、低水平的、低效率的手工业生产方式将被现代化的制造、运输、安装和科学管理的大工业生产方式所替代，与传统建筑业生产方式相比，工业化生产在设计、施工、装修、验收、工程项目管理等各个方面都具有明显的优越性。

5.效益不同

整体效益最大化。传统建造方式使各参与方追求各自的利益，而新型建造方式追求整体效益最大化。

二、新型建造方式的主要特征

步入新时代，新型建造方式与传统粗放的建造方式区别较大，是建造方式的重大变革，变革的任务是解决我国建筑业长期存在的粗放式增长问题，特别是通过变革实现转型升级，也是建筑业摆脱传统路径依赖的根本出路。按照全国建设工作会议要求，发展新型建造方式主要是指“大力发展钢结构等装配式建筑”。而装配式建筑主要是指用工业化建造方式建造的建筑。从这样的角度来理解，发展新型建造方式就是发展工业化建造方式，其核心是走新型建筑工业化道路。工业化建造方式具有丰富内涵，具有鲜明的时代特征，各生产要素包括生产资料、劳动力、生产技术、组织管理、信息资源等方面，在建造方式上都能充分体现绿色化、工业化、集约化和社会化。为此，在新时期国家大力发展新型建造方式的政策背景下，在建筑业新旧动能转换、供给侧结构性改革、提升发展质量的前提下，新型建造方式应该具有以下新的特征：一是建造活动绿色化；二是建造方式工业化；三是建造手段信息化；四是建造管理集约化；五是建造过程社会化。这“五化”是有机的整体，是“五化一体”的系统性思维和方法。

（一）建造活动绿色化

新型建造方式必须要充分体现绿色发展理念。建造活动绿色化不仅是建造过程的资源节约和环境保护，也不单纯是建造活动的技术进步，而是一个文明的进程，是建筑业摆脱传统粗放建造方式，走向现代建造文明的可持续发展之路。目前，我国建筑业仍是一个劳动密集型、建造方式相对粗放的传统产业。粗放的本质是缺乏“精致化”的自律，而文明的精神实质则是追求“精致化”的自律。因此，现代建造文明的自律精神是建造活动进步的集中表现，这种建造文明的自律精神的技术路线和创新方向就是建造活动的绿色化。建造的技术性质是将“废物”的材料变成“资源”的产品，即建造成可以满足人们居住生活需求的产品。因此，建造活动的节约、清洁、安全和高品质、高效率、高效益，即为绿色化。在面临巨大资源环境压力的条件下，通过使用绿色建材和先进的技术与工艺，建立与绿色发展相适应的建造方式也是实现资源节约、环境保护的技术条件和产业基础。

（二）建造方式工业化

建筑工业化是新型建造方式的核心。进入新时代，建筑工业化并不是新问题，也不是新理念，而是我国建筑业一直倡导的发展方向。发展装配式建筑是建造方式的重大变革，这种变革是指由传统粗放的建造方式向现代工业化建造方式转变，是建筑业整体素质的全面提升，而不是单纯地推广应用一些新的技术体系或装配建造工艺就可以达到的目标。这种新型工业化建造方式应具有鲜明的工业化特质，其基本特征主要体现在标准化设计、工厂化生产、装配化施工、一体化装修和信息化管理。建筑工业化是运用现代工业化的组织方式和生产手段，对建筑生产全过程的各个阶段的各个生产要素的系统集成和整合。而“装配化”仅仅是新型建造方式的一个特征，不能简单用装配化替代工业化，更不能陷入“唯装配”的误区。因此，走新型建筑工业化道路，是发展新型建造方式的根本出路。目前，国家要求大力发展装配式建筑，是发展新型建造方式的切入点和驱动力，是具有战略性的思维，其重要在于走新型建筑工业化道路，实现建筑产业现代化目标。

（三）建造手段信息化

新型建造方式发展的根本方向是与信息化深度融合。近年来，BIM信息技术快速发展，对建筑业科技进步产生了重大影响，已成为建筑业实现技术升级、生产方式转变和管理模式变革的有效手段。但是，随着信息互联技术的深入发展，仅仅基于BIM信息模型技术已经不能完全适应建筑业信息化发展要求，建设行业的企业信息化程度已经远远落后于整个社会的信息化水平，BIM仅仅是整个信息化中的一个系统，而不是建筑信息化的全部。大家越来越认识到，进入互联网时代，企业只有尽快消除各种信息孤岛，才能实现企业上下的互联互通，才能实现内部运营管理的信息共享，才能实现企业运营管理效率的提升，才能实现与社会信息的共享，才能跟上信息化社会发展的步伐。建筑业要想实现信息化，就必须花大力气攻克信息化集成应用这个堡垒，影响建筑行业信息化集成应用的关键，是整个行业发展的“碎片化”与“系统性”的矛盾问题，包括技术与管理的“碎片化”，体制机制的“碎片化”。要实现建筑行业信息化，就必须将建筑企业的运营管理逻辑与信息化融合，实现一体化和平台化。通过信息互联技术与企业生产技术和管理的深度融合，实现企业管理数字化和精细化，从而提高企业运营管理效率，进而提升社会生产力。

（四）建造管理集约化

发展新型建造方式是全系统、全方位的创新过程，其中有两个核心要素，一个是技术创新，另一个是管理创新，二者缺一不可，必须要双轮驱动。在当前建筑业转型发展阶段，管理创新要比技术创新更难、更重要。管理创新是技术创新发展的环境、动力和源泉，是发展新型建造方式的重要基础，是保证工程建设的质量、效率和效益的关键。长期以来，我国建筑业一直延续着计划经济体制下形成的管理体制机制，虽然在某些方面进行了改革，但是我们从行业管理和企业经营活动中可以清醒地看到，设计、生产、施工脱节，建造过程不连续；工程管理“碎片化”，不是高度组织化；工程项目切块分割，不是整体效益最大化等问题，还都具有普遍性，这些问题已成为直接影响建筑工程的安全、质量、效率和效益的主要因素。发展新型建造方式要具有系统性思维，要站在全方位、全行业的发展高度实现集约化管理，建立一个高效的管理体制机制。集约化管理是现代企业提高效率与效益的基本取向，集约化就是要集合人、机、料、管等生产要素，进行资源整合和统一配置，并且在统一整合与配置各要素的过程中，以节俭、约束、高效为价值取向，从而达到节约资源、降低成本、提高效率、实现整体效益最大化。

（五）建造过程社会化

发展新型建造方式要充分体现专业化分工和社会化协作，是将工程建设纳入社会化大生产的范畴，也是生产方式和监管方式的革命性变革。当前，建筑业正在有效实施新旧产业变革，从高速增长阶段向高质量发展阶段转变，面临的最大挑战就是“系统性”与“碎片化”的矛盾，系统性的问题也是产业基础性的问题。我们必须清醒地看到，我国建筑业的产业基础十分薄弱，一直以来，企业经营活动基本依赖“狼性式”竞争的粗放式增长方式，缺乏核心能力，缺乏专业化分工协作，缺乏精致化的产业工人。建筑业要改变传统粗放的建造方式，必须要调整产业结构，转变增长方式，打造新时代经济社会发展的新引擎。随着经济社会的发展和科技水平的进步，工程建造模式必须要充分体现社会化，这是企业发展的重要价值取向。在经营理念上，要以建筑为最终产品，以实现工程项目的整体效益最大化为经营目标；在组织管理方式上，要推行工程总承包管理模式，充分体现专业化分工和社会化协作；在核心能力建设上，要充分体现技术产品的集成能力和组织管理的协同能力，避免同质化竞争。在装配式建筑发展的初期，存在建造成本增量的瓶颈问题，其深层次原因在于，企业还没有形成专业性、系统性的分工与协作，没有专业化队伍和熟练的产业工人，尚未建立现代化企业管理模式。因此，现阶段消解装配式建筑增量建造成本的有效手段，就是要建立高效的一体化工程建造管理模式，这是装配式建筑持续健康发展的必然要求，也是迈向社会化大生产的必由之路。装配式建筑作为一种新型建造方式，区别于现场施工建成的传统建筑，是经过设计（建筑、结构、给水排水、电气、设备、装饰）后，由预制工厂对建筑构件（混凝土、钢、木）进行工业化生产，并在现场装配而成的新型建筑。装配式建筑具有功效高、现场施工污染小的特点。它的发展与建筑业的绿色化以及产业化发展紧密相关。装配式建造模式能有效地将施工生产的全过程与完整的工业系统连接起来，形成建筑设计、生产、施工、管理一体化的生产组织形式，完成从传统的生产模式向现代工业模式的转变，从而全面提高建设项目的质量和效率。

三、新型建造方式发展的必然性

新型建造方式的发展是国家城市规划建设的战略选择，也是在新的节能环保要求下新型城镇化发展所需大量工程建设的必然选择。自改革开放以来，我国建筑业的产业规模不断扩大，科技水平不断提高，建造能力不断增强，带动了大量关联产业，已成为国民经济的重要支柱产业。但同时，我国建筑业仍是一个劳动密集型、建造方式相对落后的传统产业。传统建造方式与目前国家“绿色、创新、可持续”的发展战略严重不符，已不适应当今时代发展要求，因此借助新型信息化、智能化和新材料的技术革命，建筑业的新型建造方式正式进入历史舞台。

从国家发展战略层面看，发展新型建造方式是贯彻落实国家绿色发展理念的需要，是提升建筑工程质量和品质的需要，是促进建筑业与信息化和工业化深度融合的需要，是供给侧结构性改革，培育新产业、新动能的需要，也是建筑业转型升级、实现建筑产业现代化的需要，是新时代发展的必然要求。

从建筑业发展要求看，发展新型建造方式是我国建造方式的重大变革，是转型升级、创新发展、实现建筑产业现代化的需要，具有革命性、根本性和全局性的意义。

因此，发展新型建造方式，一是顺应时代发展的要求，要从时代发展的高度，深刻认识新型建造方式发展的历史必然性及其重要性；二是国家创新驱动发展的要求，需要从国家创新驱动发展战略高度，充分认识发展新型建造方式的重大意义；三是建筑业转型升级的内在要求，要从助力推进建筑业转型升级的高度，充分认识发展新型建造方式的战略选择。

第三节　装配式建筑与新型建造方式的发展联动

目前，建筑业正在由传统的“粗放型”向“集约型”转变，建筑工程的建造生产方式也在发生改变，逐渐由传统的现场“浇灌式”转变为以制造为主的机械化生产，由手工建造的传统模式转向以工厂制造为主要手段的现代化工业生产模式。新型建造方式发展过程中，从建筑工程建造生产方式的演变上来看，工具化、预制化、模块化、集成化逐渐成为主流的生产方式发展方向。最终通过现场工厂化及预制装配式的方式，使建筑真正成为一种现代化的工业产品，像制造汽车一样制造房屋正在成为现实。

装配式建筑是用预制部品部件在工地装配而成的建筑，发展装配式建筑是建筑业转型升级现代化的需要，是建造方式的重大变革。装配式建筑强调标准化、工厂化、装配化，注重质量、安全、效率、效益，运用现代工业化的组织生产，解决房屋建造过程的问题。利用工业化的生产手段是实现住宅建设低能耗、低污染，达到资源节约、提高品质和效率的根本途径。

一、实现建造阶段的建筑节能

发展装配式建筑是建造方式的重大变革，有利于节约资源能源、减少环境污染，提升劳动生产效率和质量安全水平。

随着低碳经济成为我国经济发展的长期趋势，新型建造方式发展潜力巨大。

我国现有建筑430亿m^2，另外每年新增建筑16亿～20亿m^2。每年新建建筑中，99%以上是高能耗建筑；而既有的约430亿m^2建筑中，只有4%采取了能源效率措施。据悉，到2020年，中国用于建筑节能项目的投资至少达到1.5万亿元。

预制装配式在工厂内完成大部分预制构件的生产，降低了现场作业量，使得生产过程中的建筑垃圾大量减少，与此同时，由于湿作业产生的诸如废水污水、建筑噪声、粉尘污染等也会随之大幅度地降低。在建筑材料的运输、装卸以及堆放等过程中，采用装配式建筑方式，可以大量地减少扬尘污染。在现场预制构件不仅可以去掉泵送混凝土的环节，有效减少固定泵产生的噪声污染，而且装配式施工高效的施工速度，其夜间施工时间的缩短可以有效减少光污染。装配式建造方法使得现场建筑垃圾减少83%，材料耗损减少60%，可回收材料占66%，建筑节能65%以上。

二、实现建筑生产线改良要求

新型建造方式对生产线也提出了更高的要求。按照走中国特色新型城镇化道路、全面提高城镇化质量的新要求，需要预制装配化为新城镇建设保驾护航，生产线及生产设备的自动化程度的提高尤为重要，同时技术体系、预制构件及部品种类的多样性，也对生产线适应多元化提出了更高的要求。

三、实现建筑施工工艺改进要求

新型建造方式中的预制装配式建造方式，施工现场取消外架，取消了室内、外墙抹灰工序，钢筋由工厂统一配送，楼板底模取消，铝合金模板取代传统木模板，现场建筑垃圾可大幅减少。预制构件在工厂预制，构件运输至施工现场后通过大型起重机械吊装就位。操作工人只需进行扶板就位、临时固定等工作，大幅降低操作工人劳动强度。门窗洞预留尺寸在工厂已完成，尺寸偏差完全可控。室内门需预留的木砖在工厂完成，定位精确，现场安装简单，安装质量易保证。取消了内外粉刷，墙面均为混凝土墙面，有效避免开裂、空鼓、裂缝等墙体质量通病，同时平整度良好，可采用反打贴砖或采用彩色混凝土作为饰面层，避免外饰面施工过程中的交叉污损风险。

第二章

装配式建筑可持续发展的理论探讨

2017年装配式建筑政策及要点

- 《国务院办公厅关于促进建筑业持续健康发展的意见》(国办发〔2017〕19号)提出：推广智能和装配式建筑，大力发展装配式混凝土和钢结构建筑，在具备条件的地方倡导发展现代木结构建筑，不断提高装配式建筑在新建建筑中的比例。
- 《住房城乡建设部关于印发建筑节能与绿色建筑发展“十三五”规划的通知》(建科〔2017〕53号)文中，在全面推动绿色建筑发展部分提出：大力发展装配式建筑，加快建设装配式建筑生产基地，培育设计、生产、施工一体化龙头企业，完善装配式建筑相关政策、标准及技术体系。
- 住房和城乡建设部关于印发《“十三五”装配式建筑行动方案》《装配式建筑示范城市管理办法》《装配式建筑产业基地管理办法》的通知(建科〔2017〕77号)发布。
- 国家标准《装配式建筑评价标准》GB/T 51129—2017发布，自2018年2月1日起实施。原国家标准《工业化建筑评价标准》GB/T 51129—2015同时废止。

第一节　相关概念解析

一、装配式建筑

（一）装配式建筑的定义

1.狭义的装配式建筑

装配式建筑是指由预制部件通过可靠的连接方式所建造的建筑。按照这个理解，装配式建筑有两个主要特征：

（1）构成建筑的主要构件特别是结构构件是预制的。

（2）预制构件的连接方式是可靠的。

2.广义的装配式建筑

装配式建筑是指用新型工业化的建造方式所建造的建筑。新型工业化建造方式主要是指：在新发展理念指导下，以建筑为最终产品，运用现代工业化的组织和手段，对建筑生产全过程的各阶段之间生产要素的系统集成和资源优化，达到建筑设计标准化、构件生产工厂化、建筑部品系列化、现场施工装配化、土建装修一体化、管理手段信息化、生产经营专业化，并形成有机的产业链和有序的流水式作业，从而全面提升建筑工程的质量、效率和效益。工业化建造方式具有鲜明的工业化特征，各生产要素包括生产资料、劳动力、生产技术、组织管理、信息资源等在生产方式上充分体现专业化、集约化和社会化。

3.国家标准定义的装配式建筑

（1）按照住房和城乡建设部2016年《装配式混凝土建筑技术标准》GB/T 51231—2016和《装配式钢结构技术标准》GB/T 51232—2016中的定义：装配式建筑是指结构系统、外围护系统、设备与管线系统、内装系统的主要部分采用预制部品部件集成的建筑。

这个定义强调装配式建筑中4个系统（而不仅是结构系统）的主要部分是采用预制部品部件所集成。

（2）按照住房和城乡建设部2017年《装配式建筑评价标准》GB/T 51129—

2017中的定义：装配式建筑是指由预制部品部件在工地装配而成的建筑。

（二）装配式建筑的优点

装配式建筑更能符合绿色施工的节地、节能、节材、节水和环境保护等要求，降低对环境的负面影响，包括降低噪声、抑制粉尖、减少环境污染、清洁运输、减少场地干扰，节约水、电、材料等资源和能源，遵循可持续发展的原则。总的来说，装配式建筑具有以下优势：

1.工厂生产，现场装配，推动建筑工业化、产业化发展

装配式建筑的工厂生产现场组装的技术可以实现建筑部件化、建筑工业化和产业化。所生产的产品可以根据建筑需要，在工厂加工制作成整体墙板、梁、柱、叠合楼板等部件，并可在构件内预埋好水、电管线、窗户等，还可根据需要在工厂将墙体装饰材料制作完成。部品部件在工厂生产，有固定的模具，使产品精度高，产品更加标准化、规范化、集成化，而且技术标准易于统一，即以模数化构建标准化。由于装配式建筑构件标准化、工厂化生产，运送到工地就可以装配施工，每道工序可以像设备安装一样进行现场安装，即以标准化推动工业化。

2.精确度高，质量好，减少质量通病

装配式建筑是工厂化的作业模式，大量的建筑部件都由工厂流水线生产，工业化生产的部品部件更利于质量控制，并且质量稳定；部件运到现场装配后建筑精确度比传统建筑方式提高十倍以上，精确度为毫米级；门洞预留尺寸在工厂已完成，尺寸偏差完全可控；以装配化作业取代手工砌筑作业，能大幅减少施工失误和人为错误，保证施工质量；装配式建造方式可有效解决系统性质量通病，减少建筑后期维修维护费用；装配式建筑抗震性能高、耐火性好、隔声效果好。

3.环保节能，符合绿色发展理念

装配式建筑是绿色、环保、低碳、节能型建筑。由于构件采用工厂化生产，装配式建筑用干式作业取代了湿式作业，施工现场更加整洁，现场施工污染排放量明显减少，最大限度地减少了对周边环境的污染。装配式建筑的建筑材料选择更加灵活，可以大量运用轻钢以及木质板材等各种节能环保材料。装配式建筑的保温隔热性能非常好，由于装配式建筑保温隔热材料放置在墙体中间，而材料本身也满足建筑围护结构保温隔热的要求，这样使室内采暖能耗大量降低。

据统计，相较于传统现浇建筑，装配式建筑可节水约50%，减低砌筑抹灰砂浆约60%，节约木材约80%，降低施工能耗约20%，减少建筑垃圾70%以上，并显著降低施工粉尘和噪声污染。同时，绿色的建造方式在节能、节材和减排方面也具有明显优势，对实现绿色建筑发展具有支撑作用。

4. 缩短工期，提高效率

相较于传统现浇建筑，装配式建筑可缩短施工周期25%~30%。不同于传统建筑那样必须先做完主体才能进行装饰装修，装配式建筑可以将各预制部件的装饰装修部位完成后再进行组装，实现了装饰装修工程与主体工程的同步，缩短了整体工期。装配式建筑工厂化生产、现场组装可减少进场的工程机械种类和数量，消除工序衔接的停闲时间，实现立体交叉作业，减少施工人员，提高功效。另外，装配式建筑需要的部件一般在工厂车间生产，不受季节限制，有利于冬季施工，解决了北方地区冬期施工难的问题。

5. 降低劳动强度，节省人力资源

装配式建筑需要的构件一般在工厂车间生产，部件现场组合安装，减少工作量，减少现场湿作业量。部件集中工厂化生产和现场组合安装使现场施工作业量大幅减少，大幅降低操作工人劳动强度，比传统建造模式极大地节约了人力资源。在装配式建筑工厂化生产方式下，农民工将转化为产业工人。

此外，随着装配式建筑大量普及和技术的逐步成熟，部品部件生产形成标准化、通用化和社会化以后，将会实现规模化制造的成本优势。装配式建筑相比传统的建造方式，从成本上来说更节约。

（三）装配式建筑和建筑工业化、建筑产业现代化的辨析

装配式建筑与新型建筑工业化、建筑产业现代化这三个概念容易混为一谈，实际上三者相互关联又有所不同。新型建筑工业化、建筑产业现代化是装配式建筑发展的外延，是基于装配式建筑发展的建造方式重大变革这一重要发展目标的拓展和延伸。三者之间的关系：一是驱动力；二是发展路径；三是发展目标。构成了完整的发展理论体系。

1. 新型建筑工业化

新型建筑工业化是装配式建筑发展的路径。新型建筑工业化是指从传统建造方式向现代工业化建造方式转变的过程，是以建筑为最终产品，并在房屋建造全过程中，采用标准化设计、工厂化生产、装配化施工、一体化装修和信息化管理等为主要特征的工业化生产方式。装配化是新型建筑工业化的主要特征和组成部分，工程建造的装配化程度具体体现了新型建筑工业化的程度和水平。

新型建筑工业化是运用现代工业化的组织和生产手段，对建筑生产全过程的各个阶段的各个生产要素的技术集成和系统整合，达到建筑设计标准化、构件生产工厂化、住宅部品系列化、现场施工装配化、土建装修一体化、生产经营社会化，形成有序的工业化流水式作业，从而提高质量，提高效率，提高寿命，降低

成本，降低能耗。因此，发展装配式建筑是实现新型建筑工业化的核心和路径。

2.建筑产业现代化

建筑产业现代化是装配式建筑发展的目标。现阶段以装配式建筑发展作为切入点和驱动力，以新型建筑工业化为发展路径，其根本目的在于推动并实现建筑产业现代化。

建筑产业现代化以建筑业转型升级为目标，以装配式建造技术为先导，以现代化管理为支撑，以信息化为手段，以新型建筑工业化为核心，通过与工业化、信息化的深度融合，对建筑的全产业链进行更新、改造和升级，实现传统生产方式向现代工业化生产方式转变，从而全面提升建筑工程的质量、效率和效益。

建筑产业现代化是针对整个建筑产业链的产业化，解决建筑业全产业链、全寿命周期的发展问题，重点解决房屋建造过程的连续性问题，优化资源配置，整体效益最大化。新型建筑工业化是生产方式的工业化，是建筑生产方式的变革，主要解决房屋建造过程中生产方式问题，包括技术、管理、劳动力、生产资料等，目标更加明确。标准化、装配化是工业化的基础和前提，工业化是产业化的核心，只有工业化达到一定程度才能实现产业现代化。因此，产业化高于工业化，新型建筑工业化的发展目标就是实现建筑产业现代化。

二、可持续发展

（一）理论发展脉络

从《寂静的春天》到《增长的极限》，历经多次联合国等国际组织召开的会议，可持续发展思想在多部里程碑式经典著作和多次里程碑式国际会议中正一步一步地走向成熟。

可持续发展理论的出现大致可以追溯到20世纪60年代，1962年，美国海洋生物学家莱切尔·卡逊（Rachel·Carson）出版的《寂静的春天》一书提出了人类应该与大自然的其他生物和谐共处，共同分享地球的思想。

1972年，一个由学者组成的非正式国际学术组织“罗马俱乐部”发表了题为《增长的极限》的报告，这份报告深刻地阐述了自然环境的重要性以及人口和资源之间的关系，并提出了“增长的极限”的危机，由此，可持续发展在20世纪80年代逐渐成为社会发展的主流思想。同年，在瑞典首都斯德哥尔摩，举行了“世界人类环境大会”，共同提出“只有一个地球”的观点，在人类历史上首次发布了《人类环境宣言》。

1980年3月，由世界自然基金会（WWF）、联合国环境规划署（UNEP）、国际自然保护联盟（IUCN）和共同组织发起，多国政府官员和科学家参与制定《世界自然保护大纲》，初步提出可持续发展的思想，强调“人类利用对生物圈的管理，使得生物圈既能满足当代人的最大需求，又能保持其满足后代人的需求能力”。

1987年，世界环境与发展委员会（WCED）在题为《我们共同的未来》的报告中正式提出了可持续发展模式，并且明确阐述了“可持续发展”的概念及定义。进入20世纪90年代以后，可持续发展问题正式进入国际社会议程。

1990年，联合国组织起草会议文件《21世纪议程》，1992年6月3日至14日，联合国在里约热内卢召开世界环境与发展大会，102个国家首脑共同签署了《21世纪议程》，发表里约宣言，积极接受了可持续发展的理念与行动，一种全新的发展观——可持续发展，终于成为整个人类的共识。

2002年8月26日至9月4日，联合国可持续发展世界首脑会议在南非约翰内斯堡举行，这次会议是继1992年里约热内卢联合国环境与发展大会后的又一次盛会，是关乎人类前途与地球未来的又一次里程碑式的会议。

1.《寂静的春天》

第二次世界大战结束后，西方工业国家生产力突飞猛进，与此同时，环境污染问题也日趋严重。1962年，《寂静的春天》一书的出版，给西方世界乃至整个人类社会敲响了环境危机的警钟。

《寂静的春天》从环境污染的视角，通过对污染物的迁移和变化的描写，阐述了天空、海洋、河流、土壤、动物、植物和人类之间的密切关系，初步揭示了现代环境污染对生态系统影响的深度和广度。它用富有诗意而又浅显易懂的文字，以农作物使用农药→庄稼→食物→人体健康为主要线索，描述了杀虫剂如何破坏空气、土地和水源，并进而通过食物链影响人类健康，强调了人类使用农药对人类健康和土地退化的影响。

在西方，《寂静的春天》被认为是一个划时代的作品，它的出版被认为是人类自觉关心环境的开始，是它开启了一个新的生态学时代。其对可持续发展思想形成的贡献在于：第一，使我们认识到使有机生命能够发生并得以持续和发展的自然体系的复杂性。第二，使我们认识到自然体系的相互依赖性是非常惊人的，这种相互依赖性可延伸到生活在生物圈内的所有生物，因此毒物只要污染空气、水或土壤中的一项，其他两项也会受到影响。第三，使我们认识到自然界的土壤、气候、动物和植物等的多样性，以及人类所在自然环境中的丰富多彩。

2.《增长的极限》

《增长的极限》选取五个“对人类命运具有决定意义的参数”来研究人类未来

发展趋势。人口、粮食、自然资源、工业生产和污染被认为是五个最终决定和限制地球增长的基本因素。它采用“系统动力学”方法建立一个动态的世界模型，并以此模型探索加速工业化、快速的人口增长、普遍的营养不良、不可再生资源的耗竭和恶化的生态环境五个指数增长的要素。其结论是：

（1）如果世界人口、工业化、污染、粮食生产和资源消耗按照现在的趋势继续下去，地球增长的极限终归会在今后100年内发生。最可能的结果将是人口和工业生产力均有不可控制的衰退。

（2）改变这种增长趋势和建立稳定的生态和经济条件以支撑未来是可能的。全球均衡状态可以这样来设计，即地球上每个人的基本物质需要得到满足，而且每个人有实现个人潜力的平等机会。

（3）如果世界人民决心追求第二种结果，而不是第一种结果，他们为达到这种结果而快速地开展工作，那么他们成功的可能性就越大。

《增长的极限》指出人类未来有三种可供选择的方案：不受限制的增长、自己对增长加以限制、自然对增长加以限制。而事实上只有后面两种方案是可能的，而人类应该选择第二种方案，即“自觉抑制增长”。

《增长的极限》一书出版后，反响极大，很快被翻译成30多种文字，并作为第31届联合国大会文件向各国代表发放。《增长的极限》从全球范围来考虑人口问题、资源问题、环境问题及它们之间的关系，并警醒世人必须改变工业社会传统的发展模式，自觉地抑制经济增长。它所描绘的“更好的”“均衡的”未来世界系统，实质上以具备可持续系统的雏形，自然系统可以维持，没有突然和不可控制的崩溃；可以满足全体人民的基本物质需要；社会系统不仅考虑现在的人类价值，而且还考虑未来的人类价值，此观点对可持续发展思想的形成，具有里程碑式的意义。

3.《人类环境宣言》

1972年6月，联合国在瑞典斯德哥尔摩召开首届“联合国人类环境会议”，113个国家和地区的代表参加了此次会议。这是一次划时代的历史性会议，会议通过了《关于人类环境的斯德哥尔摩宣言》和《人类环境行动计划》。

《关于人类环境的斯德哥尔摩宣言》旨在“鼓励和引导世界人们保护和提高人类环境”，因此简称《人类环境宣言》。该宣言吸纳了《只有一个地球》报告中许多关于人与环境的观点，指出人类既是环境的创造物，又是环境的塑造者，人类的生存和幸福都离不开环境保护，因为改善人类环境是关系到全世界人们的幸福，世界各国都有责任加强人类环境的保护与改善；人类应该明智地使用其改造环境的能力，避免给环境带来严重损害；发展中国家的环境问题大都是由于发展不足造成的，因此发展中国家必须致力于发展工作，但必须牢记保护和改善环境的必要性。当前，人口增长虽然给环境保护带来持续的压力，但只要采取适当的政策措施，环境问题是可以解决的，现在人类已经到了必须审慎地考虑环境问题的历史性时刻，保护和改善人类环境已经成为与和平、发展同等重要的目标。为了实现保护和改善环境的目标，需要各国政府和人民做出共同努力。

基于上述关于人与环境关系的新认识，《人类环境宣言》提出了26条保护和改善人类环境的原则，这些原则不仅涉及可持续发展系统中人口、资源、环境、经济和社会等要素，而且对可再生资源和不可再生资源的利用与保护、当前和未来的环境保护和利益公平、主权国家利用自己资源时可能产生的环境外部性等问题也提出了符合可持续发展的具体要求，有些原则甚至是非常重要的可持续发展原则。

4.《世界保护自然大纲》

1980年3月5日，国际自然保护联盟（IUCN）、联合国环境规划署（UNEP）、世界自然基金会（WWF）联合发表《世界保护自然大纲》。

《世界保护自然大纲》对人类的经济发展、自然资源保护目标及行动纲领作了原则性阐述，指出人类在寻求经济发展及享用自然资源时，不仅必须考虑资源有限的事实及生态系统的支持能力，还必须考虑子孙后代的需要。它改变了过去那种把保护与发展对立的做法，提出要把保护与发展很好地结合起来，从而为可持续发展思想的形成奠定基础，同时也明确提出了建立新的环境伦理以实现人与自然协同进化的必要性。

《世界保护自然大纲》还首次明确提出了“可持续发展”的概念。它指出：“为使发展得以持续，必须考虑社会因素、生态因素和经济因素，考虑生物的和非生物的资源基础。人类的利用必须强调对生物圈的管理，使其既能满足当代人的最大持续利益，又能保持其满足后代人需要与欲望的能力。”这个定义，和现在我们普遍接受的《我们共同的未来》所给出的定义已经非常接近。此后不久，国际自然保护联合会又发表《保护地球》的报告，进一步对可持续发展的概念作了阐述，认为：“可持续发展可以改进人类生活质量，同时不要超过支撑发展的生态系统的负荷能力。”

5.《我们共同的未来》

1983年12月，联合国成立了世界环境与发展委员会。该委员会在挪威前首相布伦特兰夫人的组织和领导下，开展了广泛的调查和研究，经过近4年努力，于1987年向联合国提交了一份《我们共同的未来》的报告。这个报告是联合国在环境保护和经济发展领域的纲领性文件，它的问世是可持续发展思想成熟的重要标志。

《我们共同的未来》聚焦环境与发展的关系，将环境与发展视为一个有机的整体加以考虑。布伦特兰夫人说："'环境'是我们大家生活的地方，'发展'是在这个环境中为改善我们的命运，我们大家应做的事情。两者不可分割。"《我们共同的未来》正是这样看待环境与发展的关系，它指出世界各国政府和人民必须从现在起对经济发展和环境保护这两个重大问题担负起自己的历史责任，制定正确的政策并付诸实施。漫不经心和错误的政策都会对人类的生存造成威胁。严重损害生态环境的行为已经出现，人类必须立即行动起来，加以改变。

《我们共同的未来》将可持续发展思想贯穿于始终，第一次系统地对可持续发展的内涵进行了阐述，指出可持续发展是在满足当代人需求的同时，又不损害后代人满足其需求的能力发展。不但如此，它还从需求满足、消费标准、经济发展、技术开发、社会公正、资源利用、生物多样性和生态完整性等方面阐述了可持续发展的原则要求。

《我们共同的未来》将地球视为一个有机整体，强调全球性和共同性。它指出，我们的地球已经融合成一个地球村，人口问题、粮食问题、生物多样性问题、能源问题、资源消耗问题、城市问题等已成为威胁人类未来的共同危机，是人类应该共同面对的挑战，要实现人与自然和人与人之间和谐的可持续发展，不仅需要人类共同的关切，而且更需要人类付出共同的努力并采取共同的行动。

6.《21世纪议程》

1992年6月，联合国在巴西里约热内卢召开了联合国环境与发展大会，又称"地球峰会"。会议通过了《里约环境与发展宣言》《21世纪议程》等重要文件，并签署了《联合国气候变化框架公约》《生物多样性公约》《关于森林问题的原则声明》，这些文件充分体现了可持续发展的新思想。如果说《我们共同的未来》标志着可持续发展思想的成熟，那么《21世纪议程》则标志着可持续发展战略实践的开始。

《21世纪议程》是一个可持续发展的国际行动计划，内容包括社会和经济问题、自然资源的保护与管理、行为主体的作用和实施的方法。每一章都描写了行动的事实基础、行动的目标、政府和其他部门应该采取的特别行动，以及必须支持和资助这些行动的实体。它要求世界各国积极行动起来，尽快制定并实施可持续发展战略，以迎接人类面临的共同挑战。该议程以可持续发展思想为指导，对政治平等、消除贫困、环境保护、资源管理、生产与消费方式、科学技术、国际贸易、公众参与和立法等进行了广泛的探讨。它呼吁世界各国迅速改变现有的使经济差距加大、自然资源枯竭、地球环境恶化的发展政策，制定能改善所有人的生活水平、更好地保护和管理生态系统，争取一个更为安全、更加繁荣的未来发展政策。它还强调国际合作的重要性，指出任何一个国家都不可能光靠自己的力量取得成功，只有全球携手，才能求得可持续的发展。

1972年，斯德哥尔摩会议通过的《人类环境宣言》强化了国家对环境保护的责任，促使许多国家采用并实施了环境法，但是当时还没有提出协调发展与环境的方法。20年后，这一历史性任务于1992年在巴西里约热内卢召开的联合国环境与发展大会上得到了落实。

7.《可持续发展执行计划》

2002年8月26日至9月4日，联合国可持续发展世界首脑会议在南非约翰内斯堡举行。会议的宗旨是继续贯彻1992年通过的《里约环境与发展宣言》的原则和全面实施《21世纪议程》，针对10年来消除贫困及保护地球环境不尽如人意的状况，强调各国政府要全方位采取具体行动和措施，实现世界的可持续发展。会议通过了《可持续发展世界首脑会议实施计划》《约翰内斯堡可持续发展承诺》两个重要文件，另外还有一个与前两个文件相配套的《伙伴关系项目倡议》。这次会议是继1992年里约热内卢联合国环境与发展大会后的又一次盛会，是关乎人类前途与地球未来的又一次里程碑式的会议。

《可持续发展执行计划》是《可持续发展世界首脑会议实施计划》的简称。它重申了对世界可持续发展战略的实践具有奠基作用的《里约环境与发展宣言》的原则并进一步全面贯彻实施《21世纪议程》的承诺，被认为是关系全球未来10～20年环境与发展进程走向的路线图。其内容包括序言、消除贫困、改变不可持续发展的消费和生产方式、保护和管理实现经济和社会发展的自然资源、全球化世界的可持续发展、健康与可持续发展、小岛屿发展中国家的可持续发展、非洲国家的可持续发展、执行方法和实施可持续发展的机制框架等10章。

《可持续发展执行计划》再次确认了贯彻执行“共同而有区别的责任”原则的重要性，敦促发达国家兑现10年前提出的将国民生产总值的0.7%用于援助发展中国家的可持续发展的庄严承诺。它强调消除贫困既是可持续发展的必然要求，也是当今世界面临的最大挑战。它把水和卫生、健康、能源、农业生产和生物多样性五个领域作为其关注的焦点，计划到2020年，最大限度地减少有毒化学物质的危害，到2015年，将全球绝大多数受损渔业资源恢复到可持续利用的最高水平，在2015年之前，将全球无法得到足够卫生设施的人口降低一半；并从2005年开始实施下一代人力资源保护战略等。

如果说《21世纪议程》是可持续发展战略实践的开始，并为全球的可持续发展指明了方向，那么《可持续发展执行计划》则是对会议举行前10年全球可持续发展实践的评估，以及对世界未来可持续发展的具体的规划。

《约翰内斯堡可持续发展承诺》又称《政治宣言》，它重申了关于实现可持续发展的承诺：承诺要建立一个崇尚人性、公平和相互关怀的全球社会，实现人人享有尊严的目标；承诺对人类大家庭以及子孙后代负责任，在地方、国家、区域和全球各尺度上促进和加强经济发展、社会发展和环境保护；确认消除贫困、改变消费和生产方式，保护和管理经济与社会发展所需要的自然资源基础是压倒一切的可持续发展的目标和根本要求；承诺要通过促进全球共识的达成，建立建设性的伙伴关系，加强多边主义来推动可持续发展。它还呼吁团结一切力量拯救地球、促进人类发展和实现普遍繁荣与和平，并向世界人民庄严承诺："一定要实现可持续发展的共同愿望"。

（二）可持续发展的内涵

可持续发展比较公认和广泛性的定义是："既要满足当代人的需要，又不对后代人满足其需要的能力构成危害的发展"。其核心是资源在当代人群之间以及当代人与后代人之间公平合理地分配，前提是在社会的每一发展阶段保证社会、经济与环境的协调。它所追求的目标是既要使人类的各自需要得到满足，个人得到充分的发展，又要保护资源和生态环境，不对后代人的生存和发展构成威胁。其含义是指发展要有后劲，立足当前，着眼于未来。发展要能够继续下去，一直延续下去，同时要为以后的发展创造条件和机会，不能"竭泽而渔"。可持续发展涉及可持续经济、可持续生态和可持续社会三个方面的和谐统一，因此可持续发展是一项关于人类社会经济及其经济发展的全面性战略，它包括经济、生态和社会可持续发展三个方面的内容。

1.经济可持续性

它包括两方面：一方面，可持续经济增长。经济增长是在保护自然资源和社会环境的前提下实现的。另一方面，可持续经济发展。最低限度地确保人力资本、人造资本以及自然资本也即总资本量不下降的前提下，实现最大化经济效益。

2.生态可持续性

它包括三方面：第一，生物资源的可持续利用，可更新资源比如林业、渔业、水资源等的可持续产出。第二，能源可持续利用，尤其是利用可更新能源。过去人们过分依赖可耗竭能源，现在人们需要转变为对可再生能源的依赖，对能源的使用方式上做出改变。第三，环境管理，尤其是对环境资源的保护。一切以人类发展为前提，充分利用环境资源，维持一个稳定的自然资本是保护的中心思想，可持续性的必要条件之一就是保护。

3.社会可持续性

即可持续社会发展，它包括两方面：第一，社会稳定。可持续社会具有一定抗性，同时能够自力更生，抵抗外部的干扰。第二，社会公平性。在确保当代人需要的前提下，又不伤害未来人类的需要，可持续性的基本条件不仅是要控制消费水平与人口规模的公平性，而且要提高社会收入分配的公平性。

因此，我们将可持续发展定义为：在生态承载力范围内，人类通过合理高效的利用自然资源，保持生态系统的完整性，维持资本系统的独定性，维护社会系统的公平性，在不断提高人类生活质量的同时，实现生态系统、经济系统和社会系统的协同进化。其中，生态承载力是限制，人类需求的满足不能突破地球的生态承载力。生态系统的完整性、资本系统的稳定性、社会系统的公平性是中介，其中生态系统的完整性隐含生物的多样性；资本系统包括自然资本、人造资本和人力资本，资本结构可以变化，但资本总体则应保持恒定甚至与时俱进。社会系统的公平性包括代际公平、代内公平和区际公平。协同进化不是自发的，而是人类自觉的和有意识的广义进化。

（三）可持续发展的原则

保证经济的高速发展，构建人类幸福、科技持续进步的和谐社会是全球人民最大的愿望和人类共同的目标。想要构建可持续发展的社会就需要坚持原则，只有坚持原则才能实现可持续发展。可持续发展包括以下三大原则：

1.公平性原则

可持续发展所指的公平性原则是指机会公平，具体存在三层含义：一是代际公平，即当前人类的发展机会和未来子孙后代的发展机会之间的公平；二是处于当前时期人与人之间的机会公平，全球人民都应享有平等发展的机会；三是人与其他物种和自然之间的机会公平，在追求经济高速发展的同时，必须保证环境不被破坏，自然界中的其他物种同样享有平等发展的机会。这三点之间相互联系、相互制约。公平性原则是可持续发展模式与传统发展模式的根本区别，任何种族或个体都不能在发展过程中享有任何特权。

2.可持续性原则

可持续性原则是指当生态环境受到干扰时，仅凭借其自身力量就能保证其生产和恢复能力。资源的可持续利用和良好的生态循环是实现可持续发展的前提条件。保证其生产和恢复能力并不代表人类就不能使用自然资源，人类可适当地改造生态环境和合理利用自然，但对其利用和开发必须在环境的承受范围内进行。处理经济发展和保护环境的关系是实现可持续发展的关键问题。

3.和谐性原则

在经济高速发展的今天，人的需要是主观因素和客观因素相互作用的结果，可持续发展战略所强调的是满足人的需求，从而实现人的全面发展。为了满足人的需要，就需要构建和谐的人际关系，如果人与人、人与自然之间能够保持一种互惠的共生关系，就能够保证人的和谐共处，从而实现可持续发展。

（四）主流可持续发展理论

1.环境承载能力理论

从环境科学的理论角度分析，“环境”是以人类社会为主体的外部世界的总体，从这个角度来看，“环境”与“人类”是对立的，然而二者又是统一的，这种统一表现在人类对环境的依赖性，即人类的发展依赖于环境的支持。同时人类在利用环境对其支持能力的时候，又会以各种方式对环境产生干扰作用。环境科学正是以“人与环境”这对矛盾为研究对象，其任务是寻求解决这一矛盾的途径和方式，以使环境能够更好地支持人类的发展。

环境系统之所以对人类社会经济活动具有支持能力，这是由环境系统的物质组成所决定的。环境系统包含着丰富的物质资源，如矿产资源、生物资源及水资源等，它们是人类经济生产活动的物质基础。利用各种资源，通过生产加工过程，人类获得了可以消费和使用的各种物品。由此可见，环境系统的物质组成决定了其对人类社会经济活动的支持能力。

然而，环境对人类社会经济活动的支持能力是有限的。罗马俱乐部曾从粮食生产、资源消耗、污染的产生和净化等若干因素出发，考虑了地球对人类社会经济活动的支撑能力，得出了地球存在“许多极限”的结论。这些“极限”使人类社会经济活动的发展受到限制，从中可以抽象出环境支持能力的概念，从本质上分析，环境系统对人类活动的支持能力存在阈值，与环境系统的结构特征有直接关系。环境承载力是环境系统的一种功能。按照系统论的观点，系统的功能是由系统内部结构决定的。同理，环境承载力也是由环境系统结构决定的。由于环境系统中的物质组成存在一定的比例关系，而各种物质在数量上均是有限的，当某种物质的消耗量过大，或是某种物质的输入量过高时，就会影响到环境系统的整体结构，进而导致环境系统功能的失常。因此，环境系统中物质的输入与输出是有一定限度的。同此，环境系统的能量输入与输出也存在限度，这就是环境对人类活动的支持能力存在阈值的根本原因。

由此可见，环境承载力在本质上是由环境系统的特定组成与结构所决定的其与人类系统之间的物质、能量及信息的输入输出能力限度，这种能力及其限度是环境系统特定组成与结构的综合反映及外在的功能表现。

在研究环境对人类活动支撑能力的“限值”时，通常是以一个区域为对象。区域作为一个开发系统，由于存在着能量、物质及信息的输入与输出，以及它们在系统内部的流动，因而在结构方面既有相对的稳定性，又必然会存在变化。由此，区域环境系统在人类社会经济活动支持能力上将表现出“双重性”。一是相对稳定性，在一定时期内，当环境系统结构不发生明显改变时，环境对人类社会经济活动作用支持能力的“阈值”在某一数值附近。二是绝对变动性，在短时期内，环境对人类社会经济活动的支持能力存在有限幅度的波动，在长时期内，环境对人类社会经济活动的支持能力则有显著的变化。因此，为了把握环境支持能力的“限制”，必须明确“时间”和“空间”范围。将环境承载力定义为在某一时期，现实的或拟定的环境结构在不发生明显改变的前提条件下，某一区域环境对人类活动作用支持能力的阈值。

2.环境价值理论

西方环境价值理论是构建在效用价值理论基础之上的。根据这一理论，效用是价值的源泉，价值取决于效用、稀缺两个因素，前者决定价值的内容，后者决定价值的大小。在市场经济条件下，市场价格能否充分反映环境资源的稀缺性，引导环境资源进行有效配置，是西方经济学家研究环境价值问题的核心内容。由于在环境资源的内涵、环境资源的稀缺性对经济发展的影响以及市场功能等问题认识上的不同，西方环境价值理论研究经历了从市场供求关系决定环境资源的价值，到根据外部性理论估算环境资源的机制，再到应用可持续发展原理评估环境资源价值的发展过程。

美国经济学家克鲁梯拉在1967年提出了“舒适型资源的经济价值理论”。他把稀有的生物物种、珍奇的景观和重要的生态系统等环境资源称为“舒适型资源”。他认为舒适型资源具有唯一性、真实性、不确定性和不可逆性的特征。所谓唯一性是指舒适型资源在自然界中的存量是有限的，也是不可替代的，其供给不可能随着人类需求的增长而无限增长。真实性是指舒适型资源是自然力长期作用的结果，人类无法复制，即使随着科技进步，人类能复制某些资源，但不可能复制其原有的全部信息。不确定性是指人类的探索和认识能力是无止境的，人类只要不放弃探索，总会从自然界中发现新的信息。不可逆性是指舒适型资源一旦遭到破坏就意味着永远丧失。如果承认舒适型资源的这四个特征，人类就得重新认识这类资源的价值构成。

克鲁梯拉认为，当代人直接或间接利用舒适型资源获得的经济效益是其“使用价值”，当代人为了保证后代人能够利用而做出的支付和后代人因此而获得的效益是“选择价值”，人类不是出于任何功利的考虑，只是因为舒适型资源的存在而表现出来的支付意愿是“存在价值”。他的理论为后人研究舒适型资源的经济价值奠定了理论基础。

20世纪80年代以后，随着可持续发展思想的广泛传播，越来越多的环境经济学家对环境资源的经济价值进行了深入探讨，提出了许多环境价值的新概念。其中，皮尔斯提出的概念较具代表性。皮尔斯认为，环境资源的总经济价值（Total Economic Value）由使用价值（Use Value）和非使用价值（Nonuse Value）组成，下面又可分为直接使用价值（Direct Use Value）、间接使用价值（Indirect Use Value）、选择价值（Option Value）和存在价值（Existence Value）四个构成要素。直接使用价值指环境资源直接满足人们生产和消费需要的价值。间接使用价值指人们从环境资源获得的间接效益，如森林的水源涵养、水土保持、净化空气、气候调节等功能就属于间接使用价值范畴，它们虽然不直接进入生产和消费过程，却是生产和消费正常进行的必要条件。选择价值指人们为了保存或保护某一环境资源，以便将来用作各种用途所愿支付的数额，如一片森林，一旦开发利用为城市或工矿用地，它在将来就不具有用作其他用途的可能。存在价值与现在的使用或未来的使用无关，是人们对某一环境资源存在而愿意支付的金额，代表着人们对环境资源价值的一种道德上的评判，包括人类对其他物种的同情和关注。在此基础上，OECD（经济合作与发展组织）又加上一个遗传价值，是指为后代人保留的使用价值或非使用价值。它与存在价值相似，也是人们希望为未来保留的财产选择。

3.协调发展理论

党的十八届五中全会提出的创新、协调、绿色、开放、共享五大新发展理念，将成为“十三五”及今后一段时间经济社会发展必须遵循的原则和要求。

协调是经济社会持续健康发展的内在要求。党的十八届五中全会审议通过的《中共中央关于制定国民经济和社会发展第十三个五年规划的建议》（以下简称：《建议》），针对我国发展中存在的不平衡问题，提出并阐述了协调的发展理念，对“十三五”时期坚持协调发展的重点任务做出了安排，突出反映了全面建成小康社会对“发展平衡性、包容性、可持续性”的目标要求。

协调发展一方面是城乡发展的平衡，全面建成小康社会，重在“全面”，体现的就是发展的平衡性、协调性、可持续性。改革开放30多年来，我们取得了辉煌的成就，同时也出现了“成长的烦恼”。城乡、区域、经济和社会、物质文明和精神文明等发展不协调问题有所凸显，流光溢彩的都市与偏僻落后的乡村同在，东部沿海的率先发展与西部一些地区的相对滞后并存。全面建成小康社会，必须瞄准薄弱环节和滞后领域，加快把“短板”补上，树立并落实协调理念，促进发展平衡、增强发展后劲。

协调发展的另一个重要方面就是协调人与自然的关系。在发展过程中，必须高度重视环境的保护，重视广大居民生活质量的提升，重视人和自然关系的协调。过去的30多年，我国在经济发展方面取得了巨大的成就，广大居民的物质生活条件也得到了显著提升，但是，由于环境的恶化，导致广大居民的实际生活质量并没有物质条件提高得快，很多情况下，还出现了不升反降的现象。所以，如何坚持协调发展的理念是当前的重中之重。

一是要促进城乡、区域协调发展。没有农村的小康，没有欠发达地区的小康，就谈不上全面建成小康社会。按照《建议》要求，推动区域协调发展，塑造要素有序自由流动、主体功能约束有效、基本公共服务均等、资源环境可承载的区域协调发展新格局；推动城乡协调发展，健全城乡发展一体化体制机制，健全农村基础设施投入长效机制，推动城镇公共服务向农村延伸，提高社会主义新农村建设水平。另外，我们还要促进经济与社会协调发展，推动物质文明和精神文明协调发展。经验和教训告诉我们，如果只盯着经济数据的起伏涨落，忽视社会进步和人民群众真实的幸福感、获得感，就会透支社会发展潜力，发展就难以持续。经济发展一定要与政治、文化、社会和生态文明建设协调共进。“十三五”时期，我们着力改变经济建设和社会建设“一条腿长、一条腿短”的失衡问题，增加公共服务供给，建立公平、可持续的社会保障制度。在增强国家硬实力的同时，注重提升国家软实力，加快文化改革发展，加强社会主义精神文明建设，建设社会主义文化强国，加强思想道德建设和社会诚信建设，增强国家意识、法治意识、社会责任意识，倡导科学精神，弘扬中华传统美德。

二是要促进人与自然的协调发展。人与自然关系严重失衡，主要是人类认识自然的水平有限，并受功利主义思想的影响，国家利益、民族利益、地区利益、集体利益以及个人利益代替了人与自然的整体利益和长远利益。在我们倡导树立科学发展观、构建和谐社会的今天，我们必须认真思考人与自然的关系。因为人与自然的关系，不仅是人类生存的一个基本问题，也是构建和谐社会的一个前提。人与自然关系的历史演变是一个从和谐到失衡，再到新的和谐的螺旋式上升过程。马克思曾说过：社会是人同自然界的完成了的本质的统一，是自然界的真正复活。不断追求人与自然的和谐，实现人类社会全面协调可持续发展，是人类共同的价值取向和最终归宿。

协调的范围是整体，协调的方式是发挥整体效能，协调的目的是增强发展的整体性和全局性。作为全新的发展理念，协调发展的目的是解决我国长期存在的发展不平衡问题，促进经济社会持续健康发展，实现整体功能最大化，进而促进我国各项社会主义事业的健康有序发展。

三、装配式建筑可持续发展

改革开放以来，我国建筑业飞速发展，但是在发展过程中只重视量的积累，造成我国建筑业仍然相对落后，主要体现在能源消耗量大、污染严重、建造效益低下、劳动力密集等方面。据统计，我国传统建筑业每年新建建筑使用的钢材约占全世界钢材总用量的40%，建筑能耗约占全国能耗总量的46%，建筑垃圾排放量约占全国垃圾排放总量的35%，这严重阻碍了我国建筑业的可持续发展。随着环境问题和资源问题逐步成为制约人类社会发展的最主要因素，“低效率、高污染、高耗能”的建筑业生产模式将逐步被社会淘汰，通过技术创新和制度改革，实现经济增长，能源消耗降低，环境污染物减排的经济、社会、资源和环境协调发展的生产方式已成为未来建筑业可持续发展战略。为促进建筑产业化的推广，相关行政部门陆续出台了一系列政策和规划。2013年12月，住房和城乡建设部发布的《加快推进建筑节能工作，促进建筑产业现代化》中明确以建筑业的转型升级为目标，大力发展建筑产业化；2014年4月，国务院出台《国家新型城镇发展规划》中指出要加快推行建筑产业化发展进程；2015年11月，住房和城乡建设部出台《建筑产业现代化发展纲要》中指明下一阶段建筑产业化的发展目标和发展任务；2019年7月，住房和城乡建设部组织编制《装配式混凝土建筑技术体系发展指南》，其目的是引导预制构配件生产逐步标准化，促进建筑产业化技术体系不断地完善，提升装配式混凝土建筑建造水平。但是，通过与发达国家的建筑产业化发展水平相比，我国的建筑产业化发展较为落后。当前我国建筑产业化发展仍然处于初级阶段，竞争力水平不足、缺乏技术创新、设计标准不够全面、机械化水平低、产业链发展不完整、经济效益低下，使得我国建筑产业化发展不能满足建筑业可持续发展的要求。

为推动建筑产业化在全国范围内的推广，发挥建筑产业化试点的引导作用，研究建筑产业化发展水平的意义重大。结合当前建筑产业化发展现状，建立一套符合我国特色的装配式建筑可持续评价体系，对其发展水平进行评价，以期找到发展薄弱环节，有针对性地制定推进措施，为各地区装配式建筑发展水平的评价提供参考，对未来建筑产业化可持续发展的政策制定提供依据，建立规范的、可执行的、科学的装配式建筑评价体系，对装配式建筑进行实证分析。理论意义在于通过可持续性发展评价，更好地通过评价来促进建筑质量提升，为本领域的理论研究带来影响。实践意义在于，加强业内对环境、生态、资源、能源、高科技技术的互动研究、关注，将相关影响因素纳入同一体系进行研究，将指标建立变成可操作、可执行、能量化的工作，将可持续性转化为实际数值，从而更好地为装配式建筑的管理、运营等方面产生实际作用，推动国内装配式建筑的可持续战略发展。

从综合效益来看，装配式建筑的可持续发展不仅具有工业化的特点，而且具有绿色建筑的特点。装配式建筑能有效地利用能源资源，提高生产力，对周围环境影响小，是未来建筑业发展的方向。同时装配式结构体系是一种新型结构形式，顺应住宅产业化的发展需求。装配式结构体系的各种住宅构配件、部品以工业化方式生产，仍然依靠人才和科学技术，在现场进行装配。装配式结构体系融合了很多环节，包括构配件生产、住宅生产全过程的设计、销售与售后服务、施工建造等环节，全方位保证住宅供产销一体化的实现，促进了住宅生产和经营的社会大生产方式的实现，从而加快我国的住宅产业化进程。

在推进供给侧结构性改革和新兴城镇化发展、建设美丽乡村等国家战略的实现进程中，装配式建筑成为推动住房城乡建设领域绿色发展的有力抓手，是促进当前经济稳定增长的重要措施，同时也是带动技术进步、提高生产效率的有效途径，全面提升住房质量和品质的必由之路。装配式建筑在城市建设历程中的应用使其已经成为建筑行业中竞争力较强的建筑类型。建筑行业是城市建设、社会发展体系中的重要行业，装配式建筑作为创新性的建筑类型，其在建筑领域中的持续发展，对提高我国建筑水平，助力社会健康发展意义重大。

（一）经济意义

装配式建筑的实施有利于形成稳定的规模经济，促进市场研发、设计、生产、施工、运维和缓解的有效结合，使得上下游企业共享信息，形成完整的产业链。装配式建筑的发展是一个长期的创新过程，短期内很难实现经济效益，需要国家科研机构和大企业的大力扶持，以达到技术研发、标准化生产、物流贯通的产业链。近年来，我国建筑业经历着全面深化改革，加快转型升级，在国家大力发展装配式建筑的背景下，建筑业经济整体发展稳中有进。

由于建造方式、施工工艺以及组织管理方式的差异，装配式建筑与传统现浇建筑的全生命周期成本必然存在一定的差异。目前BIM技术和装配式技术的应用还不够成熟，一体化建造模式还处于初期发展阶段等原因，导致现阶段装配式建筑的建造成本较传统现浇建筑偏高，但其在使用阶段及处置阶段的成本优势则明显优于传统现浇建筑。从全生命周期、长远发展角度看，装配式建筑全生命周期成本比传统建筑更节约。随着BIM技术应用的成熟和装配式技术（装配式结构体系、节点连接技术及质量检测技术等）的创新发展，一体化建造模式势必成为装配式建筑发展的必由之路，建造成本偏高的瓶颈逐渐得到突破，装配式建筑全生命周期的经济效益优势将会更为突出。

装配式经济的发展，使得装配式建筑的应用越发广泛，在此过程中节约的能源和节省的劳动力成本，在满足建筑公司、社会各界需求的同时，树立了良好的建筑工程建设形象，极大地促进了装配式经济的发展，作为建筑经济的组成部分，同时也促进了建筑经济的健康发展。从国民经济发展的需要以及从长远的利益出发，国家大力发展装配式建筑是推动建筑业转型升级，实现建筑业绿色环保节能的重要途径。

（二）环境意义

当前，我国经济发展方式粗放的局面并未根本转变。特别在建筑业，采用现场浇（砌）筑的方式，资源能源利用效率低，建筑垃圾排放量大，扬尘和噪声环境污染严重。如果不从根本上改变建造方式，粗放建造方式带来的资源能源过度消耗和浪费将无法扭转，经济增长与资源能源的矛盾会更加突出，并将极大地制约中国经济社会的可持续发展。

发展装配式建筑在节能、节材和减排方面的成效已在实际项目中得到证明。在资源能源消耗和污染排放方面，根据住房和城乡建设部科技与产业化发展中心对13个装配式混凝土建筑项目的跟踪调研和统计分析，装配式建筑相比现浇建筑，建造阶段可以大幅减少木材模板、保温材料（寿命长，更新周期长）、抹灰水泥砂浆、施工用水、施工用电的消耗，并减少80%以上的建筑垃圾排放，减少碳排放和对环境带来的扬尘和噪声污染，有利于改善城市环境、提高建筑综合质量和性能、推进生态文明建设。

（三）社会意义

我国经济增长将从高速转向中高速，经济下行压力加大，建筑业面临改革创新的重大挑战，发展装配式建筑正当其时。

一是可催生众多新型产业。装配式建筑包括混凝土结构建筑、钢结构建筑、木结构建筑、混合结构建筑等，量大面广，产业链条长，产业分支众多。发展装配式建筑能够为部品部件生产企业、专用设备制造企业、物流产业、信息产业等带来新的市场需求，有利于促进产业再造和增加就业。特别是随着产业链条向纵深和广度发展，将带动更多的相关配套企业应运而生。

二是拉动投资。发展装配式建筑必须投资建厂，建筑装配生产所需要的部品部件，能带动大量社会投资涌入。

三是提升消费需求。集成厨房和卫生间、装配式全装修、智能化以及新能源的应用等将促进建筑产品的更新换代，带动居民和社会消费增长。

四是带动地方经济发展。从国家住宅产业现代化试点（示范）城市发展经验看，凭着引入“一批企业”，建设“一批项目”，带动“一片区域”，形成“一系列新经济增长点”，发展装配式建筑有效促进区域经济快速增长。

（四）技术意义

装配式建筑作为建筑业未来发展的必然趋势，其发展一定离不开信息技术的助力。目前与装配式建筑的发展紧密联系的有BIM技术、云平台、无线网络和物联网技术等。新兴的信息技术给传统建筑行业带来了新的发展机遇，同时也是一个巨大的冲击。一方面，BIM技术、RFID技术等在装配式建筑中的应用面临诸多问题和挑战，致使装配式建筑不能充分借力信息技术实现参与方数字化、智能化的发展。装配式建筑与BIM（建筑信息模型）、RFID（无线射频技术）等相结合，进行设计的碰撞检验，以及施工中的吊装定位，实现对设计、施工、运营的全专业管理，为装配式建筑行业信息化提供数据支撑，大大提高建设效率。另一方面，急需既精通信息技术，又具备统筹全局、熟练掌握装配式建筑全产业链各个环节的复合型人才。在推进装配式建筑发展的过程中，可以成立一批装配式建筑产业化基地，通过研发、实践，积累丰富的经验，在装配式预制构件的生产过程中，培养专业技术人才，逐渐形成规模经济。

第二节　装配式建筑的基本特征

装配式建筑以“五化一体”的新型建造方式为主要特征，即标准化设计、工厂化生产、装配化施工、一体化装修和信息化管理。

一、标准化设计

标准化设计采用标准化的部品部件，形成标准化的模块，进而组合成标准化的楼栋，在部品部件、功能模块、单元楼栋等层面上进行不同的组合，形成多样化的建筑成品。标准化设计坚持“少规格、多组合”的原则。“少规格”的目的是为了提高生产的效率，减少工程的复杂程度，降低管理的难度，降低模具的成本，为专业之间、企业之间的协作提供一个相对较好的基础。“多组合”是以少量的部品部件组合成多样化的产品，满足不同的使用需求。装配式建筑必须进行标准化设计，以少量规格的部品部件，通过排列组合，以模数化、集成化、模块化的方式，形成多样化、适应性强的建筑功能和建筑形态，以满足成本、功能和审美的需求。标准化设计是提高装配式建筑质量、效率、效益的重要手段，是建筑设计、生产、施工、管理之间技术协同的桥梁，是装配式建筑在生产活动中能够高效率运行的保障。因此，发展装配式建筑必须以标准化设计为基础。

标准化设计可从以下三个层面进行：

（一）楼栋单元标准化

许多建筑具有相似或相同体量和功能，可以对建筑楼栋或组成楼栋的单元采用标准化的设计方式。住宅小区内的住宅楼、教学楼、宿舍、办公、酒店、公寓等建筑物，大多具有相同或相似的体量、功能，采用标准化设计可以大大提高设计的质量和效率，有利于规模化生产，合理控制建筑成本。

（二）功能模块标准化

不同建筑类型，如住宅、办公楼、公寓、酒店、学校等，具有较为相似的房间功能及尺度设计等如住宅厨房、住宅卫生间、楼电梯交通、教学楼内的盥洗间、酒店卫生间等，这些功能模块适合采用标准化设计。

（三）部品部件标准化

部品部件的标准化设计主要是指采用标准的部件、构件产品，形成具有一定功能的建筑系统，如储藏系统、整体厨房、整体浴房、地板系统等。结构构件中的墙板、梁、柱、楼板、楼梯、隔墙板等，也可以做成标准化的产品，在工厂内进行批量规模化生产，应用于不同的建筑楼栋。部品的标准化是在部件、构件标准化上的集成；功能模块的标准化是在部品部件标准化上的进一步集成，楼栋单元的标准化是大尺度的模块集成，适用于规模较大的建筑群体。

二、工厂化生产

工厂化生产是指采用现代工业化手段，实现施工现场作业向工厂生产作业的转化，形成标准化、系列化的预制构件和部品，完成预制构件、部品精益制造的过程。

根据建筑的需要，在工厂可将所生产的产品加工制作成整体墙板、梁、柱、叠合楼板等构件。装配式建筑构件在工厂生产中有固定的模具，使产品精度高，产品更加标准化、规范化、集成化，而且技术标准易于统一。与传统方式相比，工厂化生产质量大幅度提高，同时减少了建筑误差，提高部件精度，可控制误差达毫米级。

工厂化生产的优点：标准化程度高（工艺设置标准化、工序操作标准化）；机械化程度高（生产效率高，减少用工量）；产品质量有保证（内控体系）；受气候影响小（室内作业）。

工厂化生产带来了五个方面的转变：手工生产到机械生产的转变、工地生产到工厂生产的转变、现场制作到现场装配的转变、农民工到产业工人的转变、污染施工到环保施工的转变。

三、装配化施工

装配化施工是指在现场施工过程中，使用现代机具和设备，以构件、部品装配施工代替传统现浇或手工作业，实现工程建设装配化施工的过程。

由于装配式建筑构件标准化、工厂化生产，运送到工程现场便可通过机械化、信息化等工程技术手段按不同要求进行组合和安装，比传统建造模式大大节约了人力资源，并且降低了施工人员的劳动强度，大幅度提高建筑工程的效率，缩减施工周期，提高经济收益。同时，装配式建筑施工技术使施工现场作业量减少、施工现场更加整洁，施工过程中大大减少了粉尘等污染，最大限度地减少了对周边环境的污染。另外，在建筑拆除后，大部分材料可以回收利用，减少了建筑物产生的垃圾，也符合国家绿色发展的战略发展方向。

四、一体化装修

一体化装修是指在规范化、标准化设计的前提条件下，装修工程能够与土建主体施工同步进行，统一模数体系，大幅提升装修零部件的通用化率，室内室外装修从设计之初就采取工厂化方式生产，实行装配化施工装修所需要的原材料、零部件、构配件全部统一制作好后，进行整体安装使用。

装配式建筑采用一体化装修，融合了“研发”“设计”“施工”“成本”“采购”“售后”等各个阶段，从而大幅度提升装修速度，打通房屋精装修运营脉络，减少装修成本，已成为建筑业的新风口。与传统的装修方式相比，一体化装修拥有着举足轻重的优势。不仅能够节约能源消耗，减少环境污染，且施工速度更快，环保节能的同时也具备很好的性能。此外，相比传统的砖混结构和钢筋混凝土建筑，一体化装修有助于建筑业的工业化发展，为建筑业的转型升级提供方便，从而推动装配式建筑的不断发展。一体化装修成为社会工业化过程中拓展出来的一种合乎经济社会不断发展，符合用户需求的新型建筑工业技术。

五、信息化管理

信息化管理是指以BIM信息化模型和信息化技术为基础，通过设计、生产、运输、装配、运维等全过程信息数据传递和共享，在工程建造全过程中实现协同设计、协同生产、协同装配等信息化管理。

与传统现浇混凝土施工方式相比，装配式施工需要依赖信息交流。构件的生产尺寸和组合类型需要设计单位和预制厂商进行交流沟通；施工过程中为确保构件准时运达施工现场，预制构件厂、运输单位和施工单位之间相互协调尤为重要。然而，装配式施工需要很高的预制构件制造精度，需要构件的制造、运输、仓储以及吊装装配过程严格的信息化管理。所以，装配式建造需要更好的信息化管理，传统工程管理信息化手段不足以满足装配式建造要求。

近年来，越来越多的装配式建筑部品部件生产企业在其生产过程中采用BIM、射频识别RFID、互联网、云计算、大数据等信息化技术作为辅助手段，逐步打通设计、生产、施工等关键环节，通过信息化技术的应用实现对质量、进度与成本的管理与把控。BIM技术是当下建筑信息技术的集中体现，与装配式建筑系统集成的理念不谋而合。在装配式建筑的生产阶段合理而充分地利用BIM技术，可以直观高效地对接生产方，也可以通过库存控制、物料控制、进度控制、质量管控和成本管控等实现对生产加工过程的流程化管理与控制，有效减少人为操作失误、提高生产效率和产品质量。

为了保证装配式建筑技术的成熟应用，充分与BIM技术结合是一条必经之路。BIM是一种数字信息应用，可以用于建筑项目的设计阶段、施工阶段、管理阶段。在设计阶段利用BIM技术构建模型能够对项目进行施工模拟，在设计阶段进行碰撞检测等，有效减少设计错误，为项目施工建设从设计阶段到后期运营提供技术支撑，为项目参建各方提供基于BIM的协同平台，有效提升协同合作效率。

第三节 装配式建筑可持续发展的变革路径

基于装配式建筑最终要形成高质量产品的特点，要通过“三个一体化”的路径来发展装配式建筑。一是技术层面的建筑、结构、机电、装修一体化，从建筑设计的技术协同来解决产品问题；二是管理层面的设计、生产、施工一体化，以工程建设高度组织化解决效益问题；三是生产方式层面的技术与管理一体化，解决装配式建筑的发展问题。

而大力发展装配式建筑，必须实现建造技术的变革，重点研究“三个一体化”中的技术层面的一体化，需要建立包括标准化、一体化、信息化的建筑设计方法，与主体结构技术相适应的预制构件生产工艺，一整套成熟适用的建筑施工方法和切实可行的检验验收质量保障措施的完整技术支撑。

针对不同类型的装配式建筑，技术变革的路径又存在差别。

目前，装配式混凝土结构技术方面存在的主要问题为：

1.没有形成建筑、结构、机电、装修一体化的建造技术。如：将传统现浇建筑“拆分”成构件来加工制作。

2.没有形成设计、生产、施工一体化的生产组织模式。如：分包给没有工程实践经验的包工队进行生产加工、施工装配。

3.没有摆脱传统现浇结构的施工工艺、工法和施工组织。如：施工措施、节点处理等，均采用现浇混凝土工艺、模板技术。

4.装配式建筑结构技术应用的目的性不清晰、不明确。如：为装配而装配，不是经济适用、优化合理的技术体系。

基于目前现状，装配式混凝土结构技术发展趋势主要有如下几个方面：第一，高强、高性能混凝土和钢筋的应用；第二，装配式结构与免震减震技术的结合；第三，建筑底层加强区采用装配式的应用；第四，钢筋机械连接技术在结构中的应用；第五，预应力在装配式混凝土结构中应用；第六，混凝土预制构件与钢结构构件的结合；第七，工具式模板技术在装配式施工中的应用。

目前，我国钢结构技术在不同类型建筑中发展不平衡，如公共建筑和工业建筑中，钢结构技术已得到广泛采用，但在住宅建筑中，钢结构应用并不多，还有待进一步推广应用。

我国钢结构技术的发展也面临一些问题：第一，没有推行设计、生产、施工一体化的EPC工程总承包的管理模式；第二，没有将钢结构的公共建筑、工业建筑、居住建筑区分研究和推广；第三，没有大力推行钢结构建筑室内装修一体化技术；第四，没有很好地研究钢结构对居住建筑的适用性问题；第五，没有重点研究钢结构建筑外墙板的技术与系统。

上述五大问题造成钢结构住宅建筑推广难，工期、成本增加，资源浪费严重，而解决诸多问题的关键是实施设计生产—施工一体化、主体—装修一体化，提高全产业链的整体生产效率和协同性。

目前，装配式混合结构技术发展缓慢，还停留在单一材料的结构体系上。然而，一些发达国家技术体系十分成熟，已经得到了广泛应用，因此我国应注重混合结构技术方面的研究发展。

一、经营理念的变革

在互联网信息时代下，粗放的传统经营管理模式存在着工程造价高、区域跨度大、工作流程烦琐、数据混乱、进度难控等问题。

在这样的背景下，经营管理思路必须随之调整，否则很难有效解决其所面临的诸多管理问题。而在管理思路调整方面，《建筑业发展“十三五”规划》(以下简称《规划》) 已经为行业企业提供了参考。《规划》作为建筑业未来五年发展的核心指导文件，明确强调了加大信息化推广力度、加大技术研发投入、加强“互联网+”的建设要求；行业总产值目标的设定由“十二五”的15%大幅降低到了7%，新阶段已经不再一味地强调产业发展规模，这也是“加快建筑业的现代化和信息化、加强行业业态的创新转型”被反复提及的原因。而“互联网+建筑”在经营管理环节则具体表现为管理的信息化，智慧建筑管理作为管理信息化发展的高阶模式，正是建筑企业现代化、系统化管理转型升级的新引擎。未来企业的经营发展将是建立在一系列管理协作工具、沟通交互系统、数据统计分析之上，认为数据统计与分析在管理核心中的占比将达到68%以上。由此可见，管理的数字化、信息化已提升至管理的战略层面上思考，这与建筑业管理信息化的要求不谋而合。数据统计与分析的特点在于即时高效，依赖传统的纸质信息传递必然无法实现，信息化管理不但成为建筑企业，也将成为所有行业企业应对互联网信息时代发展的必由之路。

智慧建筑管理是建筑业信息化发展所衍生的一套全新的管理模式和理念，是依托于信息技术之上的智能化、系统化的管理体系，其本质是建筑管理的信息化。智慧建筑管理是将互联网信息技术与人工智能相接后，让建筑企业和从业人员能够通过互联网信息平台实现工程施工全生命周期的在线管理，在人机交互的过程中，由系统自动获取各个维度的管理数据，通过云计算完成大数据的统计分析，从而更加科学客观的做出管理决策，剔除人为管理带来的弊病。在大数据、云计算、物联网、人工智能等信息技术快速发展的推动下，管理信息化实际上已经在经济社会各领域得到普遍应用，获得了不错的价值回报与广泛的认可。

就建筑领域而言，建筑业体量的庞大和管理情势的复杂，导致互联网信息化渗透程度普遍低于其他行业，虽然已经有部分建筑企业紧随风潮，积极开展“互联网+”形势下管理、生产新模式的探索，以求增强核心竞争力，但由于自身又不具备信息技术能力，在缺乏大量资本投入的情况下，很难自主完成升级变革。在这样的市场刺激之下，建筑行业慢慢成长了一批新型的建筑互联网企业，开展信息化管理业务，专门为建筑企业提供信息化升级转型服务。此类行业信息化配套服务企业的形成，使得建筑领域市场生态更加完善，专业的事情交给专业的团队去执行。全功能模块免费应用的问世，也意味着传统销售模式已经在向以服务为核心理念的新产业模式进行升级，建筑企业能够以建筑为最终产品，以最低的成本去实现工程项目的整体效益最大化，推动其经营管理全方位转型的外动力已经形成。

二、组织内涵的变革

总承包模式推进了装配式建筑的发展符合创新需要。落后的管理模式是装配式建筑最大的一个发展问题，大量项目依然采用原有管理模式，让运维、施工、生产与设计等多个环节完全脱节，无法将装配式建筑中强大的产业链优势发挥出来，即便运用全新建造技术与方法，也难以在传统管理模式下改善这一现状。要想充分推进装配式建筑未来发展，管理模式的创新是不可逆转的趋势，需要采用与装配式建筑相契合的总承包模式来推进所有产业链发展。

2016年，国务院颁发了装配式建筑相关发展的意见，给出装配式建筑发展的未来任务与目标，运用总承包模式便是其中一项重要内容。截至2018年年底，中国EPC累计完成9059亿美元，签订合同额9593亿美元。有对外承包劳务、工程合作经营权的公司增加到7000余家。但是，国内装配式建筑依然在发展环节初期，技术没有完全成熟，没有健全的相应机制，而且管理方法上也很落后。由于中国要求大力推进装配式建筑发展，建筑行业在这一政策导向下，既可以借助装配式建筑的快速发展使原有建筑生产方式发生转变，推进现代化建筑产业的发展，又能够让城镇化发展、供给侧改革等各种要求有效落实。在未来，国内将会不断增加在装配式建筑方面的投资力度，提出更高的装配式建筑环保、社会、质量、进度等要求。不难发现，对装配式建筑主要管理模式进行创新，积极运用总承包模式将会变成必然的趋势，让施工、生产与设计的管理实现一体化，将产业集成具有的优点充分发挥出来，有效推进装配式建筑未来发展。

装配式建筑具有全过程信息化管理、多样化设计等鲜明特点，符合总承包模式管理集成化，对于装配式建筑当前发展过程中存在的欠缺管理组织系统欠缺、信息化管理程度偏低、产业链未完善等问题，总承包模式能够将其有效解决。近些年，国内政府出台了大量政策，倡导发挥总承包模式对装配式建筑发展的推进作用，这使得总承包模式逐渐变成装配式建筑未来发展的重要选择。

运用总承包模式是建筑行业中装配式建筑的必然需求。当前装配式建筑企业缺乏能力、缺少完备科技体制、施工造价高等多种问题，导致装配式建筑发展被极大影响，急需对管理的模式进行创新，使原有粗放状态全面改变。运用总承包模式以后，装配式建筑做到了一体化的全过程管理，降低成本的同时，对产业链的资源进行了优化，让各方面效益都做到最大化，满足了装配式建筑的装配式施工与工厂化生产，并解决了装配式建筑的多种问题，指引了装配式建筑今后发展路线。

三、核心能力的变革

核心能力的变革体现在技术产品的集成能力和组织管理的协同能力。装配式建筑是一个系统工程，由结构系统、外围护系统、设备与管线系统、内装系统四大系统组成。装配式建筑的建造是一个集成过程，由策划、设计、生产、施工等一体化集成。技术集成，即建造各专业的集成、建筑构件各设计功能的集成。管理集成，即建造各环节的集成、项目管理中各专业目标的集成。建筑系统集成是以装配化建造方式为基础，统筹策划、设计、生产和施工等，实现建筑结构系统、外围护系统、设备与管线系统、内装系统一体化的过程。装配式建筑的集成管理在设计管理上尤其明显和重要。集成式设计一改过去设计、生产、施工相分离的现象而需要集材料、生产、施工等全产业链，集结构、机电、外装等全专业。装配式混凝土建筑应按照集成设计原则，将建筑、结构、给水排水、暖通空调、电气、智能化和燃气等专业之间进行协同设计。装配式混凝土建筑的结构系统、外围护系统、设备与管线系统和内装系统均应进行集成设计，提高集成度、施工精度和效率。各系统设计应统筹考虑材料性能、加工工艺、运输限制、吊装能力等要求。

根据装配式建筑的建设需求，实施管理协同是有效发挥装配式建筑建设优势的有效手段。装配式建筑项目管理协同是根据装配式建筑的建设特点，以协同为指导思想，综合运用管理的方法以及手段，促进装配式建筑建设过程中各项工作可以协调有序地进行，各项资源有效整合，各个参与主体互相协作，产生支配整个项目管理的序态参量，使装配式建筑项目管理系统可以有组织地从低级别的序态走向协同更高级别的序态，更高效率地完成建设目标，实现项目的协同效应。简单来说，装配式建筑项目管理协同就是促进系统中各个元素的整体作用大于分开作用之和的管理方法。系统是由若干个相互依赖的部分结合而成，系统在不稳定状态时是处于动态的，通过各个子系统以及内部影响因素之间的相互作用最终形成各个功能的有机主体。装配式建筑项目管理协同的研究可以通过建立装配式建筑项目管理协同系统来分析其协同特点与演化进程。装配式建筑项目管理协同系统由多个系统构成，通过各个子系统以及参与要素之间的互相作用，最终促进整个建设过程中各项工作有序运转，实现系统的协同效应。

四、体制机制的变革

在预制装配式建筑项目的招标投标、施工许可、施工图审查、质量检测和竣工验收等监管流程上，还未形成促进装配式建筑快速发展的创新机制。适应于推广装配式建筑的施工许可、施工图审查、质量检测和竣工验收等监管机制的缺失，在很大程度上增加了装配式建筑一体化建造的难度。因此，随着建筑工业化的推进，将会使工程建设管理领域的设计管理、招标投标管理、构件生产企业的管理和施工企业管理的各个方面发生变化。这种变化将会促进行业的协调发展，有力的推动设计施工一体化的进程，促使企业不断改革创新，提高核心竞争力。

五、信息化应用

随着建筑业的不断发展与变革，BIM技术的运用以及装配式建筑的发展成为我国建筑业不可逆转的两大趋势。目前，由于科学技术的不断进步，计算机功能的持续精进，BIM技术的推广取得了较好的效果。相比之下，装配式的发展则显得有些迟滞，其中的问题主要体现为装配式技术体系以及产业体系不完善、信息沟通以及建造成本较高等。将BIM技术运用到装配式建筑的全生命周期中，不仅能解决装配式发展中遇到的问题，促进建筑业的发展，还能进一步提升BIM

技术的运用价值。

（一）BIM信息模型技术

主要功能：三维可视、专业协同、数据共享。

主要用途：建筑设计、施工模拟、技术协调。

（二）信息技术发展问题

当前，建设行业信息化技术正处在发展的初级阶段。主要表现在数据不能共享、缺乏利用所交换信息的能力、信息交互不便、系统不能整合、流程不能贯通、与旧模式衔接不太顺利等问题。

（三）信息技术未来发展趋势

现如今，建筑行业的信息化管理水平逐渐增高，但是装配式建筑的信息化水平普遍不高。提高信息化建设水平，关系到装配式建筑从设计、生产、施工和维护各个环节，信息化程度的高低甚至可以决定工程的工期和质量。近几年，BIM信息化技术大量应用于建筑行业，不仅提高了建筑施工的效率和质量，优化了新型建筑行业发展环境，同时也促进了装配式建筑的信息化发展。装配式建筑“设计、生产、装配一体化”的实现需要设计、生产、装配过程的BIM信息化技术应用，通过BIM一体化设计技术、BIM工厂生产技术和BIM现场装配技术的应用，设计、生产、装配环节的数字化信息会在项目的实施过程中不断地产生，使各环节信息不断的交互和共享，有效地防止了信息孤岛的产生，减少了二次设计、人工二次输入和工程变更的产生，实现了设计、生产、装配一体化协同。从装配式建筑未来发展看，信息化技术必将成为重要的工具和手段。在相关政策上，2016年，住房和城乡建设部印发的《2016—2020年建筑业信息化发展纲要》也为装配式建筑的信息化发展指明了方向，强调加快建筑行业信息化建设，推动工业化和信息化协同融合发展。因此，装配式建筑产业的发展离不开信息化技术的支撑，只有充分运用现代信息化技术，完善信息化管理体系，提高信息化建设与建筑产业的融合水平，才能推动装配式建筑迈向现代化高水平、高质量建设的新台阶。

第三章

装配式建筑的研究与发展现状

2018年装配式建筑政策及要点

- 《住房城乡建设部办公厅关于开展2017年度建筑节能、绿色建筑与装配式建筑实施情况专项检查的通知》（建办科函〔2018〕36号），重点检查《国务院办公厅关于大力发展装配式建筑的指导意见》（国办发〔2016〕71号）印发以来各地装配式建筑推进情况，包括政策措施及目标任务情况、标准规范编制情况、项目落实情况、省级示范城市和产业基地情况、生产产能情况等。
- 行业标准《装配式整体厨房应用技术标准》JGJ/T 477—2018发布，自2019年8月1日起实施。
- 住房和城乡建设部王蒙徽部长在2018年12月25日召开的全国住房城乡建设工作会议上，明确提出了2019年工作总体要求和十个方面重点任务。其中，第八项重点任务是“以发展新型建造方式为重点，深入推进建筑业供给侧结构性改革”。

第一节　国内外研究综述

一、国外研究现状

本节以Web of Science核心合集为数据来源，检索主题为“Prefabricated Buildings”，时间跨度为2010～2020年，共检索出1321篇装配式建筑相关文献。

（一）研究基本情况分析

为了探索不同国家/地区对装配式建筑的研究贡献，本节利用CiteSpace生成知识图谱。该图谱总共包括82个节点和176个连接，如图3-1所示。网络中的节点大小代表了2010年至2020年发表的文章数量，许多国家/地区为预制装配式建筑的研究做出了贡献。根据统计结果，中国（373篇）、澳大利亚（98篇）、美国（94篇）、意大利（93篇）等国家/地区在装配式建筑领域研究较为积极。由于中国政府的大力推动，中国在这一研究领域具有领先地位，为了解决建筑引起的污染，中国政府在国家长期发展规划和短期产业政策中一直在推动现代装配式建筑的发展（图3-1）。

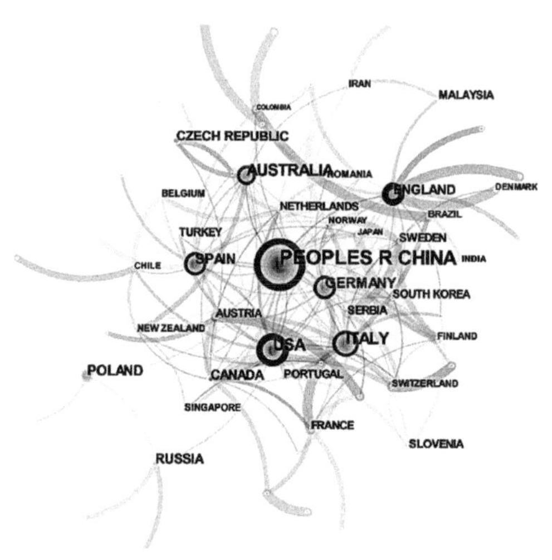

图3-1　合作图谱网络

对1321篇文献进行引文分析，如图3-2所示。该图谱网络具有高度重叠和大量研究分支的特点，节点文献之间相关性较强。与其他聚类相关的文献数量相对较多，说明各研究分支之间的相关性较高。从连接线的分布可以看出，在装配式建筑研究领域已经形成了许多文献集群。这些集群由不同颜色的连接线连接，通过文献共引网络的聚类分析，除装配式建筑主题词之外，该领域共有7个主要聚类：碳减排（Carbon reduction）、结构体系（Structural system）、决策支持系统（Decision support systems）、模块间连接（Inter-module connection）、预制立面构件（Prefabricated facade elements）、深度能源改造（Deep energy renovation）、抗震加固（Seismic strengthening）（图3-2）。

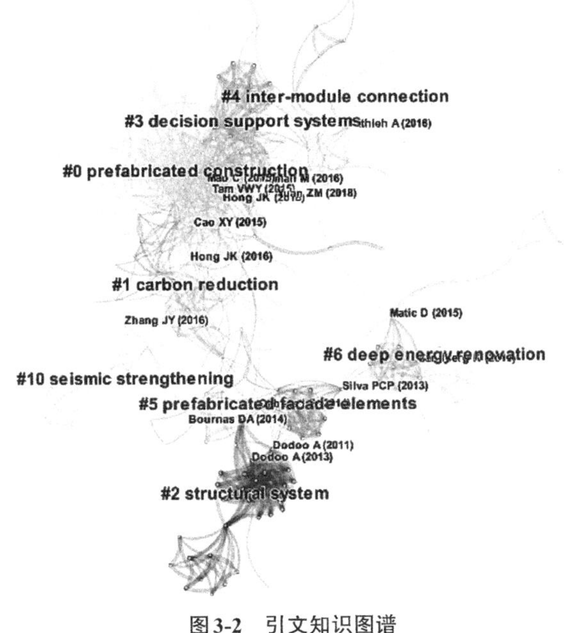

图3-2　引文知识图谱

（二）研究内容

装配式建筑产业化、装配式建筑工业化、装配式建筑的发展都属于装配式建筑可持续发展内容的一部分。

第二次世界大战以后，欧洲地区的一些国家和日本等国家需要建设大量住房来缓解住房的供需问题，于是采用了建造时间短、效率高的装配式建造方式来建造房屋，这些国家在技术、部品集成、标准规范的制定中都涌现出大量成果，装配式建造领域已步入相对成熟的阶段。在经济发达和工业化水平较高的国家，装配式建筑主要以装配式住宅为主，并且实现了住宅的产业化。世界各国都在积极进行预制构件研发和装配式施工实践，同时开展装配式建筑评价模型构建及应用研究，并针对影响装配式建筑发展的影响因素提出改进措施。

1.装配式建筑可持续发展相关理论研究

Pereira，J.J.等（2010）通过分析马来西亚建筑业发展面临的困境，得出装配式建筑可持续发展是有效促进建筑业发展的途径，能够有效提高资源利用率、减少建筑垃圾排放、提高建设效益等。Egmond（2010）认为需要从技术推动和市场劳动两个方面，共同推进装配式建筑可持续发展。Divan（2011）认为采用预制混凝土装配施工技术，能够提高施工质量、缩短生产建造时间，是建设多层建筑的良好选择。Bari（2012）认为预制装配式生产建造方式施工过程更加安全、建筑质量更加优质、经济效益和环境效益更加良好。Sadafi（2012）认为技术创新是装配式建筑可持续发展的关键所在。Tomonari Y（2014）通过详细介绍建筑产业化的内涵，提出建筑产业化是通过构配件工厂化生产、建造技术创新、信息化管理、全产业链相互配合以及全生命周期把控等，解决建筑产业发展过程中遇到的瓶颈和不可持续发展因素。Zhang X、Skitmore M和Peng Y（2014）通过研究发现阻碍装配式建筑可持续发展的前六大因素包括发展初期成本较大、产业工人素质低下、产业链不健全、相关标准不完善、相关政策激励力度不足和构配件生产质量和效率低下等。Cao Văn等（2015）指出企业在装配式建筑可持续发展过程中发挥着重要作用，并提出促进建筑产业现代化发展的对策建议。Mohamed Al-Hussein等（2019）通过建立演化博弈模型探讨设计院、供应商、承包商在建筑产业化产业链中的三方博弈演化，并建立各自的效用函数，利用复制动力学方程得到了三方博弈行为的演化稳定策略和规律性。

2.装配式建筑可持续发展实践研究

Mullens M（2008）指出，第二次世界大战以后，很多西方国家亟需进行战后重建，存在社会大众对住房的大量需求与缺乏建筑工人之间的矛盾，建筑产业化的发展很大程度上缓解了这种矛盾，建筑产业化通过预制构配件的标准化设计、工厂化生产，施工现场装配，缩短了住房建造时间、提高了建造效率。法国、日本、美国等发达国家经过较长时间的发展，已经拥有完备的建筑产业化发展体系和产业链。

Polat（2008）通过研究发现，美国装配式混凝土建筑生产过程中存在设计水平不高、构件运输能力有限、建设增量成本较高等问题。Dawood I（2009）指出美国在世界范围内属于经济发展较快的国家，技术创新能力较强，而且没有住房短缺的问题，因此美国装配式建筑可持续发展更注重建筑多样化和个性化需求。Rahim等（2012）指出装配式建筑可持续发展是未来建筑业发展的必然趋势，能够给人类生活带来方便，满足人类对提高居住环境质量的要求。Yue F（2012）指出日本建筑产业化的特点是通过标准化设计、工厂化生产实现建筑的大规模生产。Rahimian（2017）认为影响预制装配式建筑推广的因素主要包括动力因素和阻力因素两大方面。张辛（2018）指出法国从19世纪末开始采取装配式的建造方式，到20世纪60年代逐步形成“设计—施工”一体化的建筑产业化建造体系，其特点是实现构配件的工厂化生产、施工现场装配化施工，以实现建造过程的规范化。Reza等（2018）采用科学计量分析法对近40年《Canada civil engineering period》发表的有关建筑产业化相关文献数量进行统计分析，发现近年来学者对于建筑产业化的研究呈现不断增长的趋势。

不同国家通过实践证明，装配式建筑可持续发展能够提高建造速度和效率，克服建筑工人短缺等问题，具有明显的优势。

3.装配式建筑产业化可持续发展水平评价研究

Momaya K（1998）指出日本为引导建筑产业化的发展，还成立了通产省和建设省。目前日本建筑产业化发展较为成熟，拥有一套完备的建筑产业化、发展化发展水平评价体系，主要是从技术创新、经济、社会和环境四个方面的效益进行衡量。国外学者对于装配式建筑产业化可持续发展水平评价研究中，大多是从影响因素出发，Yashiro T（2014）、Momaya K（1998）等认为装配式建筑产可持续发展的规模、经济效益、公众对建筑产业化的认识和标准化设计四个方面对建筑产业化的影响最大。Song Y（2006）、Flanagan R（2007）认为要促进建筑产业化可持续发展，首先要提高公众对于建筑产业化的认知。Shin Y（2008）、Robert I（1992）认为影响装配式建筑产业化可持续发展最重要的因素是信息化发展和从业人员水平。Willem K（2008）、Edgar M（2005）通过研究发现建筑产业化主要应用于住宅产业，因此研究建筑产业化的发展水平最主要研究的是住宅产业化的发展水平。Agren R（2014）从公众对装配式建筑产业化可持续发展的认知程度、标准化程度和技术标准体系等进行影响因素分析。Liu等（2017）采用问卷调查和层次分析法构建了技术、经济、可持续性、企业发展和发展环境五个方面的指标体系，进而探究装配式建筑发展的影响因素。Lu等（2018）在政策、供应、劳动力、社会态度、用户接受度等因素下寻求最优的预制水平。Dou等（2019）利用新媒体数据构建包括政治、经济、社会、技术等方面的指标进行衡量装配式建筑发展的影响因素。

二、国内研究现状

本节采用文献计量法，首先以CNKI数据库为检索平台，检索条件设置如下：主题为“装配式建筑”，时间跨度为2010～2020年，来源类别为SCI、EI、北大核心、CSSCI以及CSCD。共检索出548篇相关文献，进一步去除会议综述、征稿通知、访谈记录、书评、新闻报道等有关文献，最终筛选出474篇期刊文献作为数据来源。

（一）研究基本情况分析

图3-3为2010～2020年以来装配式建筑相关文章数量及总体发文趋势，可以看出相关研究文献数量呈总体上升趋势，自2016年起发文量进入高速增长阶段，表明该领域逐步得到学者的重视，其发文趋势基本与我国在装配式建筑方面的实践一致。

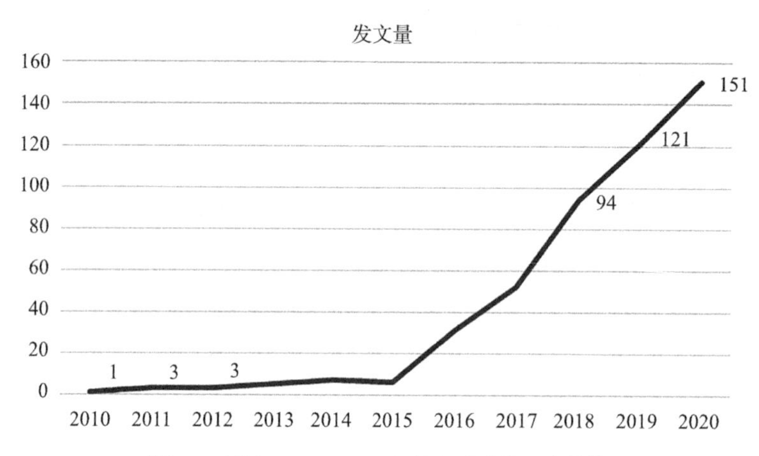

图3-3　国内2010～2020年装配式建筑研究趋势

本节通过对选取的文献源中涉及我国装配式建筑领域的研究机构所发表的文献数量进行统计、排序、分析。结果显示，在我国该领域研究机构分为高校与企业两种，高校发文量明显高于企业。沈阳建筑大学、西安建筑科技大学、武汉理工大学在高校发文量中位居前三，企业发文量较多的为中国建筑科学院研究院有限公司与中国建筑设计研究院有限公司。机构合作网络如图3-4所示，由图3-4可以观察到国内装配式建筑研究机构众多，高校与企业之间联系密切，有助于推动装配式建筑理论层面与实践层面的融合。但合作网络呈现出明显的地域性，不同地域机构之间的合作有待进一步加强。

本节采用普赖斯提出的核心作者认证公式，确定装配式建筑研究领域的核心作者，并统计其发文量。认证公式为：$m \approx 0.749\sqrt{n_{\max}}$。

其中$n_{\max}$为作者发文量最多的文献数；m为核心作者最低文献数。

本节选取数据中，发文量最多的作者为武汉理工大学陈伟，发文量为11篇，

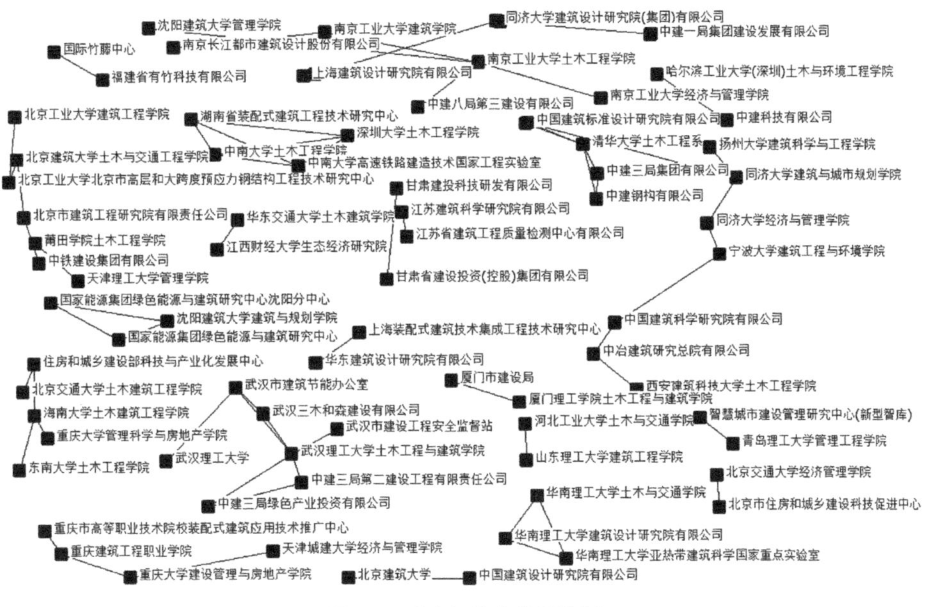

图3-4　发文机构合作网络图

计算得出m为2.48，故发文量不少于3为装配式建筑领域核心作者。该领域核心作者合作网络如图3-5所示，核心作者共40位，其中29位作者形成10个合作网络，结果显示研究者之间的合作有待进一步加强。

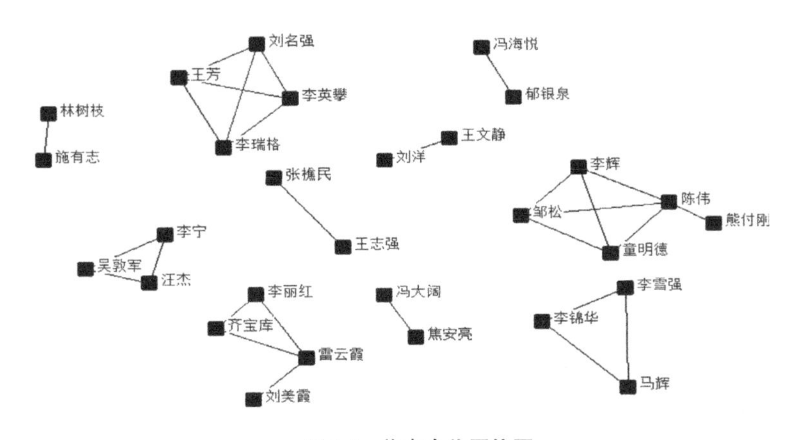

图3-5　作者合作网络图

本节所选474篇文献共涉及84本期刊，涵盖土木工程、建设管理、房地产管理、设计规划、建筑环境等相关领域。其中，装配式建筑发文量排名前十的期刊如表3-1所示。从CNKI数据库收录的文章来看，《建筑结构》中发表有关装配式建筑的文章最多，其次为《建筑经济》和《施工技术》，这3本期刊在建筑领域具有非常重要的地位，可作为了解装配式建筑领域最新研究进展的重要窗口。

装配式建筑相关期刊（前10）　表3-1

排名	期刊名称	数量
1	《建筑结构》	83
2	《建筑经济》	76
3	《施工技术》	42
4	《土木工程与管理学报》	38
5	《混凝土》	21
6	《建筑技术》	17
7	《新型建筑材料》	15
8	《混凝土与水泥制品》	14
9	《工业建筑》	13
10	《建筑学报》	13

（二）研究内容

2015年以来，装配式建筑进入全面发展时期，中共中央国务院《关于进一步加强城市规划建设管理工作的若干意见》中指出“力争用10年左右的时间，使装配式建筑占新建建筑的比例达到30%”。此后，各地纷纷出台相应的落实政策。住房和城乡建设部办公厅于2017年11月公布了涵盖30个城市及195个单位的《第一批装配式建筑示范城市和产业基地名单》，标志着我国装配式建筑的发展进入了快速发展阶段。国内学者对建筑产业化的研究不断增加，研究深度逐步加深。本文基于CNKI数据库以“建筑产业化”“住宅产业化”“工业化建筑”为关键词，对2019年以前的有关建筑产业化的研究成果进行查找，发现关于建筑产业化的相关文献超过1400多篇。我国学者对建筑产业化的研究大多从影响因素、政策、技术体系、评价和发展方向等方面进行研究。整理的国内相关文献如下：

1.装配式建筑产业化可持续发展相关理论研究

我国学者对建筑产业化相关理论的研究主要从内涵、综合效益和影响因素等方面进行。李忠富（2003）在其著作《住宅产业化论：住宅产业化的经济、技术与管理》中对住宅产业化的概念、特点、内涵进行了详细介绍，论述了我国住宅产业化的意义和必要性，并分析了住宅产业的市场运行机制和管理体制，对我国住宅产业化发展进行评价和展望。潘璐（2008）、黄荣康（2009）详细描述了制约装配式建筑产业化可持续发展的影响因素，并对应提出相关对策建议。邵萍（2012）分析了装配式建筑产业化可持续发展带来的经济效益，以提高相关企业的积极性，为建筑经济产业的发展提供依据。杨阳和李忠富（2012）通过对建筑产业化发展特征以及相关企业发展现状分析，总结了建筑产业化相关企业未来的发展趋势和发展路径。纪颖波、付景轩（2013）认为建筑产业化的主要特征是设计标准化、构配件生产工厂化、现场管理信息化、建筑项目生产集成化。齐宝库等（2015）从政策、标准、技术、管理和劳动力水平五个方面分析了影响我国建筑产业化发展的影响因素，并提出促进未来我国建筑产业化更快、更好发展的对策建议。傅玲等（2017）通过对实际项目中预制构配件的计价模式分析，找出造成装配式建筑产业化可持续发展造价偏高的原因，并以此为基础建立适合于装配式建筑产业化可持续发展的计价体系，为政府补偿机制的建立提供参考依据。孔海花（2018）研究了EPC模式下建筑产业链的主要构成和发展要点，并提出产业链的发展需要政府引导、技术支撑和相关企业之间的协作等。王洁凝等（2019）从策划决策阶段、招标投标阶段、规划设计阶段、施工阶段和交付使用阶段分析装配式建筑项目流程管理的优化需求，针对性地提出管理流程改进建议，并强调应采用信息化手段加强装配式建筑全过程管理。桑培东等（2019）基于演化博弈理论对装配式建筑参与主体进行仿真模拟，为开发商和消费者的策略决策以及政府相关激励政策的制定提供了一定的参考依据。

2.装配式建筑可持续发展实践研究

在英文中，“建筑产业化”和“建筑工业化”属于同一单词，在最初的发展中建筑产业化被称为“建筑工业化”。但是，在我国“工业化”是20世纪50年代计划经济体制的特点，当时中国向苏联吸取经验，推广工业化、机械化进行房屋建造，以此满足当时新中国成立初期公众对于住房的需求。

金坤（2014）将建筑产业化设计理念应用到体育场馆的设计中，通过案例分析，从设计理念、技术创新和功能布局等方面对建筑产业化在体育场馆中的应用趋势进行深入研究。张红等（2015）研究了信息技术在建筑产业化发展过程中的应用，指出Revit软件可以应用于建筑产业化全寿命周期内的数据参数化处理中。陈振基（2016）通过对我国建筑产业化发展历程的描述，指出建筑产业化的推广需要综合考虑地域特征、发展的不同模式、预制部品部件多类别的选择等问题。袁烽等（2017）通过研究四川崇州市乡村建设项目，探索建筑产业化与传统建造技术如何实现良好融合。马辉等（2018）通过对京津冀一体化内涵概括，从地区协同发展、资源共享、产业链构建等六个方面探讨京津冀建筑产业化协同发展机制，并从宏观、中观和微观三个层面提出促进京津冀地区建筑产业化发展的路径。

3.装配式建筑产业化可持续发展水平评价研究

我国装配式建筑可持续水平评价起步较晚，主要分为两个阶段：

第一阶段是理论准备阶段。从20世纪60年代起，我国学者开始以土地为研究对象进行资源节约的研究，20世纪80年代开始以李道增为代表的学者反思建筑业的高速发展对生态环境的影响，这意味着我国学者的研究开始从单一的经济视角向资源环境视角的转变。意味着促进我国未来建筑业可持续的发展，必须处理好发展经济和维护环境资源之间的关系。

第二阶段是发展阶段。近年来，我国建筑领域开始向节能减排方向变革，相关学者从建筑材料、建造技术、节能减排方法和技术等方面对建筑业的发展进行探讨。但是对于建筑业各个层面发展水平的评价研究较少。

孔庆周（2013）构建了我国住宅产业化发展水平评价指标体系，运用中心点三角白化权函数对我国建筑产业化发展水平进行灰色评估，根据评价结果，有针对性地提出相关对策建议，并从住宅产品、住宅工业化生产、产业化经营等方面提高我国住宅产业化发展水平。朱娅（2016）通过构建建筑产业化发展水平评价指标体系，运用模糊物元法对沈阳市建筑产业化发展水平进行评价，为建筑产业化的发展提供了新的研究方法。王驰（2016）运用ANP-模糊综合评价法从生态环境角度对建筑产业化发展进行评价，并分析了安徽省建筑产业化发展的生态表现，提出需要提高智能化和信息化在建筑产业化管理中的应用。刘莹等（2017）认为供应链建设是实现建筑产业转型升级的必要条件，通过模糊综合评价法从经济效益、环境效益、客户满意度等5个方面进行供应链价值的评价，并提出提升路径。张鹤立（2018）认为在建筑产业化发展初期，政策实施效果是影响建筑产业化可持续发展的重要因素，他运用增长管理模型和灰色关联度综合评价法进行建筑产业化政策实施效果的评价，并以陕西省为例提出针对性的对策建议，以指导建筑产业化的发展。

三、国内外研究述评

通过对国内外研究现状进行分析，可以发现现如今装配式建造技术在各个方面都发展的较为成熟和全面，国外对于装配式建筑的研究要相对比较深入，其实践的应用性也比较强，各技术标准体系也已非常完善，基本可以做到建筑部品的模数化、标准化、通用化；并有着切实可行的能够保证住宅质量的一系列制度与评价方法；政府的积极导向作用发挥的较为良好，并实施能推动建筑工业化发展的鼓励性金融政策；能够因地制宜地选择建造体系；注重建筑工业化人才队伍地培养；其发展也更追求高品质。在我国，建筑产业化正处于蓬勃发展阶段，大量学者对建筑产业化的研究集中在建造质量、技术创新、经济效益和管理过程等，也有部分学者开始从产业效率、产业竞争力、综合效益等多个方面对建筑产业化进行评价，并建立了能够反映建筑产业化发展程度的评价指标体系。

第二节　装配式建筑国内外发展现状

一、国外装配式建筑发展现状

19世纪末20世纪初，随着发达国家的工业化、城市化进程，人口大量在城市聚集，几乎所有国家都经历了住房短缺时代，从而出现大量的社会问题。为了解决中低收入阶层的住房需求，各国政府开始通过立法、设立相关机构等一系列措施，对住宅市场进行不同程度的干预，并纷纷致力于进行住房保障方面的实践与研究工作，开始大力倡导采用工业化的生产方式建造住宅，装配式住宅从而大量涌现。几十年来，装配式建筑由理念到实践，在发达国家逐步完善，形成了较为系统的设计方法、施工方法，各种新材料、新技术也层出不穷，并随之形成了一套完整的装配式建筑体系。其中，以美国、日本、德国、英国、新加坡等国家装配式建筑的发展较为典型。

（一）日本装配式建筑发展现状

日本每五年颁布一次住宅建设五年计划，每一个五年计划都有明确的促进住宅产业发展和性能品质提高方面的政策和措施。同时，日本制定了统一的数模标准，促进部品部件规模化生产；用财政补贴支持企业进行新技术的开发，同时颁布多个支持政策，对采用新技术、新产品的项目，金融公库给予长期低息贷款，建立了“试验研究费减税制”“研究开发用机械设备特别折旧制”等制度。现从政策体系、法律制度、技术工艺、环保要求四个方面对日本装配式建筑发展现状进行梳理。

1.政策体系完备

（1）采取低息贷款的金融政策。通过一系列财政金融制度引导企业研发和采用装配式建筑的新技术。

（2）建立了经济产业省（原通产省）和国土交通省（原建设省）两个专业机构来负责装配式住宅的推进工作。

（3）日本政府在当时的通产省、建设省成立了审议会，作为政府管理部门的决策咨询机构，它要对管理部门大臣提出的工作实施方案进行调查并提出建议。

2.法律制度健全

日本出台了一系列法律来保障有关装配式建筑的各项制度的建立和实施，如《住宅建设计划法》《基本居住生活法》《确保住宅品质促进法》等。明确了中央政府和地方政府在住宅建设方面的责任，日本是制定有关住宅建设和推进装配式住宅发展相关法律最多的国家。

第一次立法始于1951年，出台了《公营住宅法》《住宅金融公库法》。后又相继在1960年颁布了《住宅地区改良法》、1963年颁发了《新住宅市街区开发法》、1966年颁发了《住宅建设计划法》、2000年实施了《确保住宅品质促进法》以及2001年出台了《关于促进供应优质出租住宅的特别措施法》《关于确保高龄者居住安定法》等十多部法律。

3.技术标准完善

技术体系以模数化、标准化为前提。模数化是标准化的基础、标准化是发展装配式建筑的核心。日本在预制混凝土构件和外围护结构方面制定了一系列标准规范，包括日本学会编制的《JASS10-预制钢筋混凝土结构规范》《JASS14-预制钢筋混凝土外挂墙板规范》《JASS21-蒸压加气混凝土板材（ALC）技术规程》。日本预制建筑协会还出版了预制混凝土构件相关设计手册，主要内容包括：预制混凝土建筑和各类预制混凝土技术体系介绍、设计方法、加工制造、施工安装、连接节点、质量控制和验收等。

4.环保要求严格

日本政府非常重视环保问题，严格控制环境污染的产业，日本政府已将节能环保计划作为允许开发单位得到土地开发权的条件之一。近几年，日本政府出台了“住宅环保积分制度”，对于新建及改建节能环保住宅可申请“环保积分”，每1个积分相当于1日元，每户所获积分上限为30万分。绝对禁止夜间施工，居民区午间休息时段也禁止有噪声的施工，这就迫使建筑施工企业优化设计和施工方案，将现场有噪声的施工，尽可能在工厂里完成，这就促使了装配式建筑的发展成为必然。

（二）美国装配式建筑发展现状

美国自20世纪90年代暴发能源危机，装配式建筑体系凭借节约能源成本的优势在该时期得到推广，自此美国开始工业化建设之路。2017年，美国装配式建筑市场规模达到380亿美元，同期复合增率达到11.76%，后逐年上涨，增长率保持在10%以上，2019年市场规模达到475.8亿美元。现已形成建筑建设标准严格，标准化、系列化、通用化程度高，社会化分工与集团化发展并重的局面。

1.建设标准严格

HUD是美国联邦政府住房和城市发展部的简称，它颁布了美国工业化住宅建设和安全标准。HUD标准是唯一的国家级建设标准，对设计、施工、强度和持久性、耐火、通风、抗风、节能和质量以及所有工业化住宅的采暖、制冷、空调、热能、电能、管道系统进行了规范。1976年后，所有工业化住宅都必须符合联邦工业化住宅建设和安全标准。只有达到HUD标准并拥有独立的第三方检查机构出具的证明，工业化住宅才能出售。

此后，HUD又颁发了联邦工业化住宅安装标准，它是全美所有新建HUD标准的工业化住宅进行初始安装的最低标准，提议的条款将用于审核所有生产商的安装手册和州立安装标准。对于没有颁布任何安装标准的州，该条款成为强制执行的联邦安装标准。

2.标准化、系列化、专业化、商品化程度高

美国的住宅用构件和部品的标准化、系列化、专业化、商品化、社会化程度很高，几乎达到100%。这不仅反映在主体结构构件的通用化上，而且特别反映在各类制品和设备的社会化生产和商品化供应上。除工厂生产的活动房屋和成套供应的木框架结构的预制构配件外，其他混凝土构件和制品、轻质板材、室内外装修以及设备等产品十分丰富，品种达几万种，用户可以通过产品目录，从市场上自由买到所需的产品。这些构件的特点是结构性能好、用途多、有很大通用性，也易于机械化生产。

3.社会化分工与集团发展并重

工厂化住宅产品生产的重点由活动房屋开始逐步向模块房屋和组件转移，目前15%至25%的工厂化住宅产品销售是直接针对普通建筑商，因此现场建筑商对工厂化生产的住宅组件需求的扩大是现如今工厂化生产进一步发展的根本动力。美国工厂化生产商与普通建筑商也在逐渐整合。由于工厂化生产的住宅，每平方米造价比传统方式低30%～50%，因此很多的建筑企业开始并购住宅工厂化生产商，或建立伙伴关系大量购买住宅组件，希望通过统一的工厂化生产扩大规模，降低成本，使得工厂化生产商与建筑企业的整合开始增加；工厂化生产住宅的联邦统一标准也正在推进中，目前有43个州和国防部已达成了共识。

（三）德国装配式建筑发展现状

德国是世界上建筑能耗降低幅度最快的国家，近几年更是提出发展零能耗的被动式建筑。从大幅度的节能到被动式建筑，德国通过采取装配式住宅来实施，实现了装配式住宅与节能标准相互融合。下文将从标准规范、建造体系两个方面对德国装配式建筑发展现状进行总结。

1.标准规范完整全面

德国建筑业标准规范体系较为完整全面，规定装配式建筑首先应满足通用建筑综合性技术要求，同时还要满足在生产、安装方面的要求，即无论采用何种装配式技术，其产品必须满足其应具备的相关技术性能，如结构安全性、防火性能，以及防水、防潮、气密性、透气性、隔声、保温隔热、耐久性、耐候性、耐腐蚀性、材料强度、环保无毒等。同时要满足在生产、安装方面的要求，企业的产品（装配式系统、部品等）需要出具满足相关规范要求的检测报告或产品质量声明。实行建筑部品的标准化、模数化，从而降低成本、提高效率。

2.建造体系因地制宜

德国的建筑项目大都因地制宜，注重建筑的耐久性，并不追求高装配率。德国现如今鼓励不同类型装配式建筑技术体系研究，突出追求绿色可持续发展，环保材料与节能建造体系的应用；追求建筑设计化、个性化。根据项目特点来选择现浇与预制构件混合建造体系或钢混结构体系建设实施，如办公和商业建筑的建造技术以钢筋混凝土现浇结构并配以各种工业化生产的幕墙（玻璃、石材、陶材、复合材料）为主；多层住宅建筑以钢筋混凝土现浇结构和砌块墙体结合，复合外保温系统，外装以涂料局部辅以石材、陶板等为主。

（四）英国装配式建筑发展现状

英国政府明确提出，英国建筑生产领域需要通过新产品开发实现集约化组织、工业化生产，以“成本降低10%、时间缩短10%、缺陷率降低20%、事故发生率降低20%、劳动生产率提高10%，最终实现产值利润率提高10%”的具体目标。同时，政府出台一系列鼓励政策和措施，大力推行绿色节能建筑，以对建筑品质、性能的严格要求促进行业向新型建造模式转变。

1.政府积极引导

20世纪90年代，英国政府积极引导装配式建筑朝着高品质方向发展，政治导向方面主要倡议“建筑反思”，以及随后的创新运动和住宅论坛，引起了社会对住宅领域的广泛思考，尤其是保障性住房领域。

2.完善技术体系

抓住住宅大规模建设的有利契机，形成工业化生产（建造）体系，改变了传统的住宅手工建造方式，提高了生产效率。以全装配式大板和工具式模板现浇工艺为标志，出现了许多“专用建筑体系”，为建筑工业化、通用化、标准化奠定了基础。

（五）新加坡装配式建筑发展现状

新加坡装配式建筑的发展对我国有很好的借鉴意义。一是在政府建设的公共组屋建设中推行建筑工业化；二是实行项目后评价，持续改进适合国情的建筑工业化生产方式和建筑结构体系；三是建立基于模数化的标准化产品体系和设计规范，以法规强制推行，提高劳动生产效率；四是强化政府质量监督机构在质量监管中的责任。其发展装配式建筑的主要措施有以下四方面：

1.鼓励改革创新

新加坡建设局（BCA）鼓励施工企业进行改革创新，而引入Mech-C和PIP奖励计划，旨在驱使企业在施工过程中最大化地提高施工现场的生产效率，以达到工业化模式，从而降低对于人工的依赖。Mech-C计划倾向于对设备采购方面的奖励和补助，如企业引入先进生产设备代替传统生产方式从而节约了大量的工时等，该计划可最高奖励企业20万新元。PIP计划是对一切先进的施工模式、施工材料等进行奖励。如先进的系统模板的使用、BIM系统的使用等均能申请，并获得每项高达10万元新币的奖励。

2.推行易建性评分体系

易建性设计评分（Buildable Design Score）：易建性是由英文Buildability翻译过来的，由英文的Build和Ability组合而成，意思是“可建造性”，亦即在保证建筑物质量的前提下，使施工更快速、更有效和更经济。

2000年开始，新加坡政府决定以法规的方法对所有新的建筑项目实行“建筑物易建性评分”规范，并于2001年1月1日起正式执行。通过易建性计分方法可以客观计算出建筑设计的易建性分值，建筑设计的易建性分值由结构体系、墙体体系和其他易建性特征三部分的分值汇总求和所得。除此之外，如果使用预制浴室、预制厕所，可以得到加分。分值越高，其易建性越强，建筑质量和劳动生产率也越高。

3.建立相关规范标准

在HDB2014版的《装配式设计指南》（HDB precast pictorial）中，对于构件的户型设计、模数设计、尺寸设计、标准接头设计等都做出了规定。例如，标准户型设计指南以及层高设计规定：HDB规定组屋层高需为首层3.6m、标准层2.8m。

此外，该指南对于预制构件的节点设计也做出了相应规定，比如竖向构件接口处设计接缝宽度为16mm、水平构件接缝为20mm或15mm，对于建筑细部的尺寸设计也进行了说明，如滴水线的尺寸以及位置。

4. 严控质量监管

每个工程预制构件的第一批生产和吊装须有建屋发展局负责人的见证和指导，如存在问题，可做到早期发现，早期改良；批准并要求选用合格的建材生产商，对工程中所有材料进行定期检查。

二、国内装配式建筑发展现状

（一）我国装配式建筑发展的历史沿革

我国装配式建筑发展至今，主要经历了起步阶段、缓慢发展阶段、快速发展阶段和全面发展四个阶段：

1. 起步阶段（1950～1977 年）

相比美国、法国等发达国家，我国装配式建筑行业发展较晚，起步于20世纪50年代。1956年5月，国务院发布了《关于加强和发展建筑工业的决定》，提出要着力提高中国建筑工业的技术、组织和管理水平，逐步实现建筑工业化，以改善中国建筑工业基础差、技术装备落后、管理制度不健全等问题。此政策文件的出台为行业的开端奠定了重要基础，明确了建筑工业化的发展方向，但由于行业仍处于计划经济体制之下，市场化程度较低，业内企业缺乏技术创新的动力，致使行业建筑技术水平较低，建筑工业化水平和装配式建筑的发展几乎处于停滞状态。

2. 缓慢发展阶段（1978～2010 年）

改革开放后，我国装配式建筑逐渐从停滞期进入缓慢发展期。1978年，中华人民共和国国家建设委员会（现“中华人民共和国住房和城乡建设部”，以下简称“住房和城乡建设部”）召开“建筑工业化规划会议”，要求到1985年中国大、中城市要基本实现建筑工业化，以及到2000年实现建筑工业的现代化。政府宏观层面上制定的发展战略为行业发展注入新的能量，推动行业技术积累、产品研发以及应用试点等工作的开展。业内出现了大板建筑、砌块建筑等预制构件，但是受限于技术实力，装配而成的建筑存在一定的质量问题，如密封不严、隔声效果不佳等。另一方面，现浇技术水平的提高，提升了现浇施工方式效率并降低了施工成本，在一定程度上增强了装配式建筑的关注度以及推进行业的发展。

20世纪90年代后，中国政府相关主体再次发布一系列政策文件，大力推行住宅产业化，一方面，为了满足该时期大量商品房的建设需求；另一方面，旨在提升装配式建筑的技术积累、推动行业应用，并提升行业市场化程度：如住房和城乡建设部于1996年发布的《住宅产业现代化试点工作大纲》提出用20年的时间推进住宅产业化的实施规划；国务院办公厅于1999年出台的《关于推进住宅产业现代化，提高住宅质量的若干意见》为推进住宅产业现代化明确提出指导思想和发展方向。

这一时期，尽管我国政府主体对于行业发展重视度较高，也通过出台利好政策大力扶持行业发展，但是受限于技术积累较浅、市场化程度尚待提高、产业基础相对薄弱、市场活跃度有限等因素，行业发展相对缓慢。

3.快速发展阶段（2011～2015年）

“十二五”开始，装配式建筑行业逐步进入快速发展期。党的十八大以后，中国特色社会主义进入了新时代，综合国力显著提高，从注重发展速度转向着力提升发展质量，加强生态文明建设，坚持绿色发展理念。建筑业迎来转型升级，实现跨越式发展的新局面。2013年，住房和城乡建设部印发的《“十二五”绿色建筑和绿色生态区域发展规划》首次明确提出我国要加快形成装配式混凝土、钢结构等工业化建筑体系。在“十二五”期间，全国有13个建筑（住宅）产业现代化综合试点城市（包括两个产业化园区），培育了57家装配式建筑基地企业。这一时期，全国有10余个省级政府成立了推进装配式建筑发展的专职管理机构，有30多个省级或市级政府出台了指导意见和配套行政措施，在土地出让、财政补贴、税收金融扶持、成品住宅和工程试点等方面进行了政策探索。各地以试点城市为带动，近年来已完工和新开工的装配式建筑呈现快速增长态势。

4.全面发展阶段（2016年至今）

2016年以来，装配式建筑进入全面发展阶段，这一时期，国务院、住房和城乡建设部等部门继续出台扶持政策，以进一步推动行业发展，如国务院办公厅于2016年9月出台了《关于大力发展装配式建筑的指导意见》，住房和城乡建设部于2017年3月发布了《“十三五”装配式建筑行动方案》，同年11月公布了涵盖30个城市及195个单位的《第一批装配式建筑示范城市和产业基地名单》。此后，各地纷纷出台相应的落实政策，全国31个省、市、区相继出台了各自的扶持政策文件，如上海市住建委于2016年出台的《上海市装配式建筑2016-2020发展规划》；北京住建委于2017年出台的《北京市人民政府办公厅关于加快发展装配式建筑的实施意见》，这标志着我国装配式建筑的发展进入了全面发展阶段。

（二）我国装配式建筑发展的政策体系

现如今我国各地装配式建筑产业政策密集出台，引导了装配式建筑产业发展。国家和各地方政府陆续出台鼓励装配式建筑发展的产业政策，带动了一大批企业进入装配式建筑领域。

从“内容”看，各省市装配式支持政策类型主要包括：用地支持、财政补贴、专项资金、税费优惠、容积率、评奖、信贷支持、审批、消费引导、行业扶持10个小类。

在“政策使用比例”方面，首先税费优惠政策超过90%，其次为用地支持、财政补贴和容积率均超过50%，最后依次是专项资金、信贷支持、行业扶持、审批、评奖、消费引导。

目前，全国31个省份均发布了相关的激励政策，新疆的激励政策类型最多（8项），其次是四川省（6项）。全国政策激励平均为4项，其中激励政策条款数量靠前的省份依次是新疆、四川、黑龙江、河南、湖南、内蒙古、江西、贵州、西藏等。

2020年4月，《中共中央、国务院关于构建更加完善的增强土地管理灵活性，深化农村宅基地制度改革试点，为乡村振兴和城乡融合发展提供要素市场化配置体制机制的意见》中指出，要增强土地管理灵活性，深化农村宅基地制度改革试点，为乡村振兴和城乡融合发展提供土地要素保障。2020年8月，《关于加快新型建筑工业化发展的若干意见》中指出，要以新型建筑工业化带动建筑业全面转型升级。提出加强系统化集成设计、优化构件和部品部件生产、推广精益化施工、加快信息技术融合发展、创新组织管理模式、强化科技支撑、加快专业人才培育、开展新型建筑工业化项目评价、加大政策扶持力度等意见。

国家发展改革委、住房和城乡建设部关于下达《保障性安居工程2021年第一批中央预算内投资计划》的通知中指出，为加强保障性安居工程配套基础设施建设，将保障性安居工程2021年第一批中央预算内投资计划2969300万元以投资补助方式切块下达。

根据国务院文件定义及各地市2020年的装配式建筑发展目标，当前全国划分为装配式建筑重点推进地区的省市自治区为13个，包括北京市、天津市、上海市、江苏省、浙江省、辽宁省、山东省、福建省、湖南省、河南省、江西省、海南省、四川省；积极推进地区为12个，包括重庆市、河北省、安徽省、黑龙江省、吉林省、陕西省、山西省、新疆维吾尔自治区、湖北省、广东省、广西壮族自治区、云南省；鼓励推进地区为6个，包括贵州省、甘肃省、内蒙古自治区、宁夏回族自治区、青海省、西藏自治区（图3-6）。

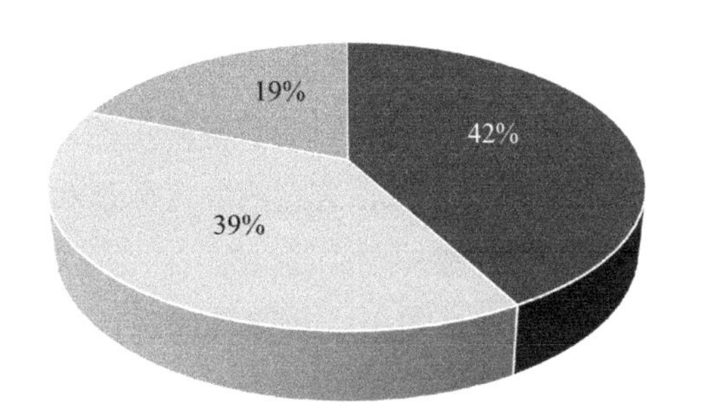

图3-6 省级装配式发展地区比例

（三）我国装配式建筑发展的技术特点

经过长期发展，我国工厂化装配式建筑取得了突破性进展，形成了钢筋混凝土预制、钢结构预制和全钢结构全装配式建筑三种发展模式。

1.钢筋混凝土预制装配式建筑

PC（Prefabricated Concrete Structure）“预制装配式混凝土结构”，是以预制混凝土为主要构件，经装配、连接，结合部分现浇而形成的混凝土结构。PC构件是以构件加工单位工厂化制作而形成的成品混凝土构件。PC住宅具有高效节能、绿色环保、降低成本、提供住宅功能及性能等诸多优势。在当今国际建筑领域PC项目的运用形式，各国和各地区均有所不同，在中国大陆地区尚属开发、研究阶段。

开发预制混凝土结构的优点：

（1）有利于提高质量，根治了外墙常有渗漏、裂缝的通病

PC楼的外墙PC板是在工厂里预制的，门窗框是在浇PC板混凝土之前就安装在钢模中，这样浇捣混凝土时框和混凝土可以很好地啮合在一起，避免了易渗水的缝隙，渗水概率仅为万分之一。

（2）有利于加快工程进度

PC板的外墙面砖、窗框等已在工厂中做好，现场不需要外脚手架。局部打胶、涂料，仅用吊篮就可以进行，不占用总工期。

（3）有利于推进资源整合，有利于管理

未来全面推行建筑产业化后，建筑构件是标准的，结构是可以组合的，装配是可以简单完成的。传统作业需要大量工人在施工现场，高空坠落、触电、物体打击等是事故频发率最高的前三项，而工厂化是把大量工地作业移到工厂，在一定程度上现场只是对已完产品的拼装、组合，有利于施工现场文明施工、安全管理，现场工人数量最大可减少89%，大大减少了现场安全事故发生率。

（4）有利于降低业主管理人员的工作强度

由于产品在工厂预制，常规现场的门窗安装等质量控制点的监控可减少，而且合同数量也减少，管理人员相对轻松，管理的项目数量和质量可以增加。

（5）有利于环境保护、节约资源

日本、美国的建筑PC已达50%以上。我国目前每百万美元国内生产总值能耗为1274吨标准煤，比美国高2.5倍，比日本高8.7倍。建造房屋大面积工厂化后，钢模板等重复利用率提高，垃圾减少83%，材料损耗减少60%，建筑节能50%以上。

2.钢结构预制装配式建筑

钢结构装配式建筑是由钢（构）件构成的装配式建筑，即是装配式的新型建造模式+钢结构建筑结构的全新建筑形式。钢结构建筑，则是与木结构、混凝土结构共同组成国内三大主要建筑结构形式。同样，钢结构装配式建筑、木结构装配式建筑与混凝土结构装配式建筑也是我国三大主要装配式建筑形式。同后两者相比，钢结构装配式建筑具有安全性较高、成本较低、施工工期较短、节能环保等优势特点，是目前国家大力推进的装配式建筑结构形式（表3-2）。

钢结构装配式建筑的优缺点 **表3-2**

优点	钢结构装配式建筑没有现场现浇节点，安装的速度会更快，施工质量更容易得到保证
	钢结构是延性材料，具有更好的抗震性能，使得钢结构装配式住宅的安全性有了保障
	相对于混凝土结构，钢结构建筑的自重更轻，基础造价更低。钢结构是可回收材料，钢结构装配式建筑更加绿色环保
缺点	相对于装配式混凝土结构，钢结构的外墙体系与传统建筑存在差别，较为复杂，对施工人员的技术有一定的要求
	钢结构住宅的防火和防腐问题一定不能忽视，否则会严重影响房子的使用寿命
	根据前期设计的不同，钢结构比传统混凝土结构的造价还可能高一些

3.全钢结构全装配式建筑

全钢结构全装配式建筑，适合于高层超高层办公、宾馆、公寓类建筑，完全替代传统技术，更加节能、节钢、节混凝土、节水，部品化率可以达到80%～90%。该结构体系利用钢结构质量轻、易加工、刚度大、延性好，抗震性能优越，构件易拼装，可用螺栓连接的特点，工厂生产标准化程度高，更加符合装配式结构未来发展的方向。建筑物大部分部件需工厂预制，并可在工厂内进行装修预制比例可达80%～90%，全钢结构体系连接方便，现场安装简单快捷，高度标准化、集成化，易保证质量，拼装速度快，每天可建1～2层，降低成本，减少污染，可以大幅消耗钢材，化解目前我国钢材产能过剩的困境，真正实现节能、节地、节水、节材、节时、经济与环保。

（四）我国装配式建筑发展的市场环境与趋势分析

1.我国装配式建筑发展的市场环境

（1）国内装配式建筑呈快速增长趋势

总的来看，近年来我国装配式建筑呈现良好发展态势，在促进建筑产业转型升级，推动城乡建设领域绿色发展和高质量发展方面发挥了重要作用，市场环境欣欣向荣。国内装配式建筑呈快速增长趋势，国内预制装配式建筑重新升温，并呈现快速发展的态势。据住房和城乡建设部数据显示，2012～2019年，我国新建装配式建筑面积呈高速增长趋势；2019年，我国新建装配式建筑面积为近几年来最大值，达到4.2亿m^2，同比增长44.8%，如图3-7所示。

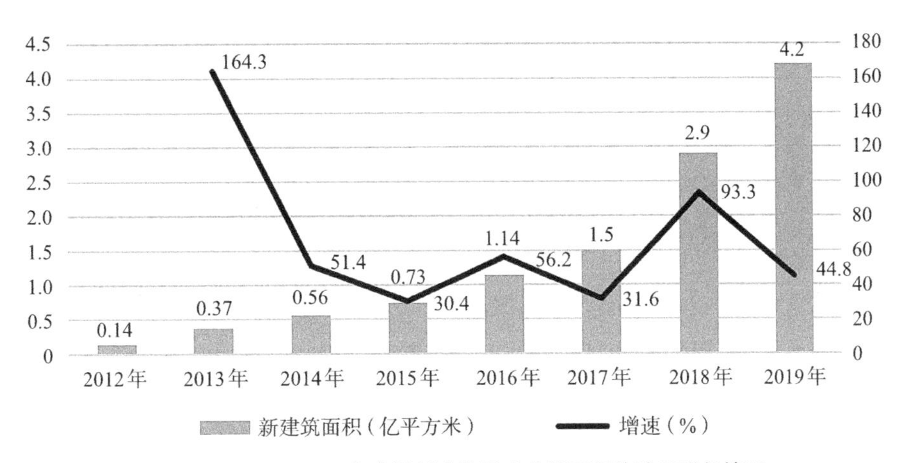

图3-7　2012～2019年中国新建装配式建筑面积统计及增长情况

（2）东部发达地区引领全国市场发展

从2017～2019年的统计情况分析，重点推进地区新开工装配式建筑面积分别为7511万m^2、13538万m^2、19678万m^2，占全国的比例分别为47.2%、46.8%、47.1%，如图3-8所示。这些地区装配式建筑政策措施支持力度大，产业发展基础好，形成了良好的政策氛围和市场发展环境。在东部发达地区继续引领全国发展的同时，其他一些省市也逐渐呈规模化发展局面。上海市2019年新开工装配式建筑面积3444万m^2，占新建建筑的比例达86.4%；北京市1413万m^2，占比为26.9%；湖南省1856万m^2，占比为26%；浙江省7895万m^2，占比为25.1%。江苏、天津、江西等地装配式建筑在新建建筑中占比均超过20%，如图3-9所示。

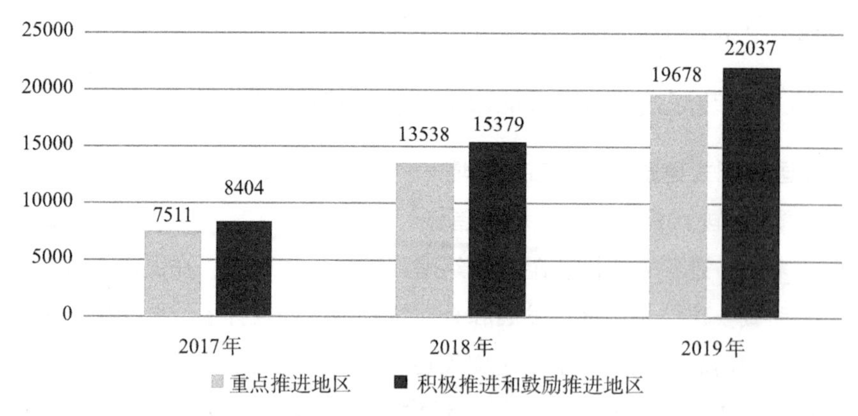

图3-8　2017～2019年三类地区装配式建筑新开工面积（单位：万m²）

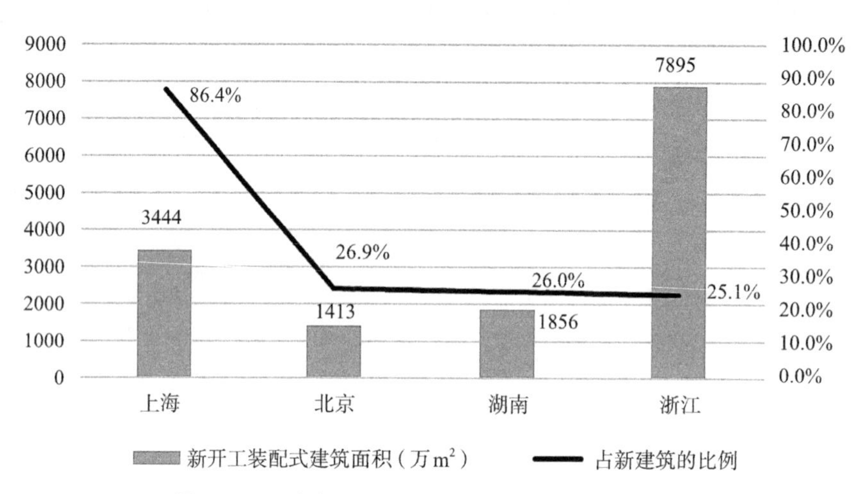

图3-9　2019年部分城市装配式新开工面积及占比情况

（3）装配式建筑的质量和品质不断得到提升

目前，我国各地住房和城乡建设主管部门高度重视装配式建筑的质量安全和建筑品质提升，并在实践中积极探索，多措并举。一是加强了关键环节把关和监管，北京、深圳等多地实施设计方案和施工组织方案专家评审、施工图审查、构件驻厂监理、构件质量追溯、灌浆全程录像、质量随机检查等监管措施。二是改进了施工工艺工法，通过技术创新降低施工难度，如北京市推广使用套筒灌浆饱满度监测器，有效解决了套筒灌浆操作过程中灌不满、漏浆等问题。三是加大了工人技能培训，各地行业协会和龙头企业积极投入开展产业工人技能培训，推动了职工技能水平的提升。四是装配化装修带动了建筑产品质量品质综合性能的提升。如北京市公租房项目采用装配式建造和装配化装修，有效解决了建筑质量通病问题，室内维保报修率下降了70%以上。

（4）装配式建筑示范城市、产业基地和示范项目不断增加

住房和城乡建设部于2017年11月认定了第一批30个装配式建筑示范城市和195家产业基地，2019年对相关城市和产业基地进行了评估，评估结果显示，这些示范城市和产业基地充分发挥了示范引领作用，有力地推动了装配式建筑产业的发展，提升了整体发展水平。今年住房和城乡建设部将开展第二批装配式建筑示范城市和产业基地认定工作。另外，各地申报的住房和城乡建设部科学计划项目中装配式建筑示范工程项目日益增多，要积极引导示范工程把装配式建筑与绿色节能建筑和智慧建筑有机融合，发挥综合示范效果。通过示范城市、产业基地和示范项目引领，形成以点带面、示范先行、整体推进的工作格局。

（5）装配式建筑行业人才和产业队伍逐渐壮大

近年来，我国装配式建筑项目建设量增长较快，对于装配式建筑的人才需求尤其强烈。2018年、2019年，经人力资源和社会保障部批准，由中国建设教育协会、中国就业培训技术指导中心、住房和城乡建设部科技与产业化发展中心联合举办了两届全国装配式建筑职业技能竞赛。该活动对于提高装配式建筑产业工人技能水平、推动企业加大人才培养力度、增强装配式建筑职业教育影响力具有重要导向意义。一些职业技能学校和龙头企业积极培养新时期建筑产业工人，为装配式建筑发展培养了一大批技能人才。北京、上海、深圳等地也纷纷出台人才培养措施，包括加大职业技能培训资金投入，建立培训基地，加强岗位技能提升培训，广泛开展技术讲座、专家研讨会、技术竞赛等培训活动，采取多种措施满足装配式建筑建设需求。

（6）装配式建筑产业链持续扩大

越来越多的全产业链的企业加入装配式建筑转型升级，在政策驱动和市场引领下，装配式建筑的设计、生产、施工、装修等相关产业能力快速提升，同时还带动了构件运输、装配安装、构配件生产等新型专业化公司发展。据统计，2019年我国拥有预制混凝土构配件生产线2483条，设计产能1.62亿m^3；钢结构构件生产线2548条，设计产能5423万吨。新开工一体化装修建筑面积由2018年的699万m^2增长为2019年的4529万m^2。

2.我国装配式建筑发展的未来趋势

根据相关数据和市场分析，预测至2025年我国装配式建筑市场规模将达到15000亿元以上，目前市场规模仅6000亿，未来具备较大的发展潜力。日本、美国、澳大利亚、法国、瑞典、丹麦等发达国家中，装配式建筑已经发展到了相对成熟、完善的阶段，在渗透率方面，与其相比，我国装配式建筑已经高于70%，而我国装配式建筑行业刚处于起步阶段，行业渗透率不足10%，未来发

展空间广阔。

目前来看，我国装配式建筑产业发展趋势大致包括三个方面的内容：①绿色化、低碳化装配建筑体系。建筑业是三大高能耗行业之一，必须践行绿色发展之路，其目标是使装配式建筑从设计、生产、运输、建造、使用到报废处理的整个建筑生命周期中，对环境的影响最小，资源效率最高，使得建筑的构件体系朝着安全、环保、节能和可持续发展方向发展。②模数化、标准化装配式建筑体系。未来技术发展趋势将从封闭体系向开放体系转变，致力于发展标准化的功能块，设计上统一模数，再加上个性化集成，这样易于统一，又富于变化，方便了生产和施工，也给设计者与建造者带来更多、更大的装配建造自由。③集成化、精细化、智能化装配式建筑体系。信息技术贯穿整个产业链。BIM、GIS、云计算、大数据、人工智能、物联网、机器人等技术已经对传统建筑行业产生了巨大影响。随着大量的信息技术在建筑上的不断推广和应用，未来装配式建筑会逐渐向着智慧建造的方向发展，呈现出集成化、精细化、智能化的特点。

第四章

装配式建筑可持续发展评价

2019年装配式建筑政策及要点

- 行业标准《装配式钢结构住宅建筑技术标准》JGJ/T 469—2019发布，自2019年10月1日起实施。
- 《国务院办公厅转发住房城乡建设部关于完善质量保障体系提升建筑工程品质指导意见的通知》（国办函〔2019〕92号）提出：大力发展装配式建筑，推进绿色施工。鼓励企业建立装配式建筑部品部件生产和施工安全过程质量控制体系，对装配式建筑部品部件实行驻厂监造制度。
- 住房和城乡建设部根据《住房城乡建设部关于印发〈“十三五”装配式建筑行动方案〉〈装配式建筑示范城市管理办法〉〈装配式建筑产业基地管理办法〉的通知》（建科〔2017〕77号），组织开展第二批装配式建筑示范城市和产业基地申报工作。

第一节　评价的目的、功能与意义

一、评价目的

伽利略曾经说过："测量那些可以测量的，并设法把不能测量的变成可测量的"。之所以如此强调"测量"的重要性，是因为管理学理论认为：被测量的才能被管理，被管理的才会被完成。因此，几乎对于所有的科学问题而言，测量都是重要的，因为任何理论都需要利用实践进行检验或验证，测量更是被直接定义为"把抽象的概念和现实指标联系起来的过程"。

随着对经济、环境以及创新等复杂问题进行测量与监测的需求不断提升，传统的单一指标测量工具越来越不能满足对复杂问题进行测量和监测的需要。作为一种有效的测量工具，多指标综合评价被广泛地应用在各个领域。例如，国际比较方面有综合国力综合评价、国际竞争力综合评价、国家创新能力综合评价等；区域比较方面有城市竞争力综合评价、区域创新能力综合评价等；微观上有企业经济效益综合评价、企业竞争力综合评价、上市公司财务状况综合评价等。

所谓"多指标综合评价"，简称综合评价，就是针对一个复杂的评价主题或一个由多单位组成的评价对象，从不同的角度设定指标对各个单位进行测量，然后将测量结果按照某种方法综合起来得到一个可以用来比较各单位高低优劣的综合数值。综合评价可以把错综复杂的"多维"体系加以综合，最终形成一个便于评判的简单数字。相对于单一指标评价而言，这无疑是一个巨大的进步。同时，由于综合评价可以进行跨空间和跨时间的比较研究，利用综合评价结果可以监测复杂系统的发展变化、识别复杂系统中可能存在的问题，有助于相关政策的制订。更重要的是，综合评价可以通过将所有与评价主题有关的参数具体化，使复杂的评价主题变得一目了然，进而为政策制定提供完整、科学的信息。塞萨纳从以下几个方面概括了综合评价的积极作用：首先对决策者而言，综合评价可以方便地概括复杂多维问题；其次综合评价包含的信息量更丰富，相对于单个指标而言，它更容易考察复杂事物的变动趋势，对被评价对象就复杂多维问题进行排序，综合评价的得分或排序结果，更容易吸引公众的注意；最后，综合评价可以高效率的传递信息，可以利用尽可能少的指标提供同等的信息，或同样规模的指标提供尽可能多的信息。简言之，综合评价的优势在于它可以测度“多维”现象并生成排名，进行跟踪研究，便于公众传播，监测政策的执行效果，增强说服力。凭借这些优势，综合评价被广泛地应用于各个领域。

然而，针对综合评价的质疑也不绝于耳，比如构建综合评价指标的选择缺乏清晰的理论依据；再比如，面对同样的评价主题，难以得到所谓“主旋律”的评价结果等。据新华网报道，2014年中国大学排行榜的不同版本“互掐”，同一大学排名相差二十多位的新闻。“谁来评价排序者”的呼声越来越多地引发了研究者的关注。因此，尽管近年来综合评价领域取得了长足的进步，但是具体如何来构建综合评价指标仍未找到一个被广泛认同的方案。博伊森梳理关于综合评价的争论时指出：“可以说没有任何一种具体的综合评价构建方法不受到指摘”，这在很大程度上可以归咎于综合评价指标构建过程中，不可避免地要做出若干影响最终评价结果的主观决策。塞萨纳指出，综合评价指标的构建过程不可避免地受到主观因素的干扰，具体包括：基础指标的选择、汇总模型的选择、赋权方法的选择和缺失数据处理方法的选择等过程。

因此，构建高质量的评价体系是一个迫切需要解决的问题，针对本研究，即以可持续发展理论为基础，以统计和计量经济分析为手段，探寻覆盖多指标综合评价体系构建过程的装配式建筑发展水平评价研究。

装配式建筑的可持续发展是建筑业能够长久发展的重要体现，是建筑业转型升级，提高资源和能源利用率的必然选择。目前，我国装配式建筑发展水平较低，各地政府尚未因地制宜制定切实可行的政策措施，用以推动装配式建筑的可持续发展。通过构建装配式建筑可持续发展评价指标体系和评价模型，有助于各地政府寻找各自装配式建筑可持续发展的定位。此评价的目的是：

(1) 建立一套完整的装配式建筑可持续发展评价指标体系

面对外界对装配式建筑评价褒贬不一的现状，建立一套客观完善的装配式建筑评价体系显得尤为重要。大部分专家学者认为装配式建筑好，可是为什么在中国却没有得到好的发展？有的专家学者认为它成本过高，房地产企业不愿意采用预制装配式的建筑形式，可是又有其他专家认为它只是一次性投入过高，后期可以得到一定的经济效益补偿，同时还可以得到政府所关注的环境效益和社会效益补偿。在该种情况下，如何系统的分析装配式建筑的投入与产出，建立一套评价指标体系正是本研书要解决的问题与研究意义所在。

（2）促进我国装配式建筑的可持续发展

从综合效益来看，装配式建筑不仅具有工业化的特点，而且具有绿色建筑的特点。装配式建筑能有效地利用能源资源，提高生产力，对周围环境影响小，是未来建筑业发展的方向。本研书希望能够从装配式建筑与传统建筑的比较中，找出制约其发展的影响因素，并提出相应的行之有效的对策，推动我国装配式建筑的可持续发展。

（3）促进我国建筑工业化进程

装配式结构体系是一种新型结构形式，顺应建筑工业化的发展需求。装配式结构体系的各种构配件、部品以工业化方式生产，然后依靠人才和科学技术，在现场进行装配。装配式结构体系融合了很多环节，包括构配件生产、销售与售后服务、施工建造等，全方位保证建筑供产销一体化的实现，促进了生产和经营的社会大生产方式的实现，从而加快我国建筑工业化进程。

二、评价功能

装配式建筑可持续发展水平评价模型将装配式建筑可持续发展的各方面细化为可比可测的指标，系统反映了我国装配式建筑可持续发展的特性。指标体系的建立以相关研究为基础，以可持续发展理论为依据，在理论与实践之间架起了一座桥梁。评价模型的构建有以下几方面的功能：

（一）加快我国装配式建筑推广进程

虽然我国装配式建筑发展起步时间与发达国家相比差距不大，但因为在几十年的发展过程中，历经了多次停滞和多种阻碍，致使我国装配式建筑的发展速度与发达国家横向相比存在比较大的差距，我国的装配式建筑发展之路可分为起步阶段（1950～1977年）、缓慢发展阶段（1978～2010年）、快速发展阶段（2011～2015年）、全面发展阶段（2016年至今）四个阶段。2015年底，中央城市工作会议提出，通过推广“五化一体”为特征的装配式建筑为重点任务，推动建造方式创新和建筑业转型升级，此后，国家装配式建筑政策文件的出台及指导思想的数量急速上升。

本研究选取的装配式建筑可持续发展评价指标是建立在体现与传统现浇方式的区别上，能够真实客观地反映装配式建筑与现浇建筑的不同点与优势，使人们能够科学、系统地看待装配式建筑体系，从而加速装配式建筑在我国的推广进程。

（二）为评价各地装配式建筑发展水平提供依据

指标一般把复杂的现象进行简化处理使交流更简单、更频繁，也使问题量化成为可能。目前，大部分人对装配式建筑可持续发展的理念、内涵、作用理解还处在不充分的阶段，通过指标体系的建立对装配式建筑可持续发展内涵进行简单化和形象化处理，将有利于社会各层次对装配式建筑可持续发展的理解和接受。

装配式建筑可持续发展是一个持续改进、不断完善的过程。评价指标体系为装配式建筑可持续发展的建设和发展提供了量化标准，引导装配式建筑可持续发展不断深入、完善、扩展、提升并解决其发展建设中的不足和薄弱环节，促进各地全面协调、持续发展，不断提升我国装配式建筑的可持续发展水平。

同时，对于各级政府和相关管理部门，本研究构建的评价体系可作为对装配式建筑可持续发展管理的基础，促进对我国装配式建筑科学化、系统化和规范化的管理和指导。

（三）有利于各地装配式建筑发展的比较和借鉴

装配式建筑作为一种新型的建造方式，在其发展过程中始终追求资源和能源利用的高效率和污染物的低产生及排放，以经济效益、环境效益和社会效益多赢的形象成为我国建设领域积极推进的对象。在各地推进装配式建筑可持续发展的进程中，及时发现和识别自身存在的差距和发展潜力，十分有利于各地在装配式建筑推进过程中找准定位，确立切实可行的目标，而且也有利于相关管理部门对各地推进状况进行比较和掌控。

建立装配式建筑可持续发展体系能够反映该体系各个方面的现状，不论是经济与资源，还是环境与社会等方面，明确装配式建筑可持续发展的不利因素，从而找到症结所在，为相关管理层进行决策和方案优化提供了实质性的依据。

三、评价意义

可利用资源的不断减少、环境污染问题越来越凸显等问题严重制约了人类社会的可持续发展。为构建“资源节约型”和“环境友好型”社会，以及促进建筑业的可持续发展，“低效率、高耗能、高污染”的传统建筑业将逐步向装配式建筑的方向发展。装配式建筑作为建筑业未来的发展方向，它以可持续发展为目标，对资源、能耗等问题的解决发挥积极的作用。为指导我国装配式建筑的进一步发展，如何衡量其发展水平成为当前推动装配式建筑发展的首要问题。本书基于可持续发展理论对装配式建筑的发展情况进行综合评价，丰富其理论基础，准确把握我国装配式建筑的发展水平，为科学决策提供参考依据，促进政府因地制宜制定切实可行的政策措施，以推动装配式建筑的可持续发展。

近年来，我国各省市纷纷出台装配式建筑扶持政策，在招商引资、财政税收、土地转让、市场推广等方面重点支持装配式建筑的发展。2016年2月21日，国务院印发《关于进一步加强城市规划建设管理工作的若干意见》，提到要鼓励建筑企业装配式施工，现场装配，力争用10年左右的时间，使装配式建筑占新建建筑面积的30%，更为装配式建筑的发展送来政策东风。但由于全国各省份的经济基础、保障制度、技术水平、定额标准、发展装配式建筑的先后顺序等方面存在差异，即便是一个省份之内的不同区域，装配式建筑发展也存在极不平衡的现象。此外，存在着采用装配率或数量作为装配式建筑发展的结果目标，而忽视装配式建筑技术、管理、质量、品质和效益等方面的协调发展，容易造成资源浪费和成本增加，不利于推动装配式建筑又好又快发展，因此，开展装配式建筑区域发展水平评价研究，在提高装配式建筑发展决策部署的科学合理性、促进装配式建筑区域协调规划和优化管理等方面都具有重要的理论研究和现实指导意义。

理论意义：对于装配式建筑的研究在不断完善，但是从区域的角度出发，对装配式建筑发展状况进行的研究较少。本研究运用灰色综合评价法，从区域的角度进行装配式建筑可持续发展水平评价，为装配式建筑的研究提供了新的思路，丰富了装配式建筑发展水平评价的理论成果。

现实意义：装配式建筑发展水平评价分析不仅能够反映当前装配式建筑发展所处状况，还可以了解每个影响因素对评价结果的影响程度以及发展不足的因素。既可以对我国装配式建筑发展状况进行宏观把控，还可以掌握每个指标的发展现状，总结发展优势和短板，为装配式建筑可持续发展的政策制定提供依据，也为装配式建筑规划建设方案的制定提供借鉴。

第二节　装配式建筑发展评价简述

一、装配式建筑发展评价指标体系研究现状

（一）综合评价指标体系的构建流程

1.初步构建阶段

在指标体系的初步构建阶段，其主要任务是基于评价目的基础上，尽可能地形成一个能反映对象系统全部性能特征的综合指标全集，目的性和完备性是该阶段需要实现的主要目标。目的性要求指标体系的设计紧贴综合评价的最终目的，即要服务于管理实践，改善管理过程，提升管理效果。因此在指标体系设计之初，评价执行者或决策者、被评对象以及领域专家之间要进行多次反复沟通和交互，明确评价活动的具体目标和最终目的。完备性要求指标体系的设计要围绕评价目标尽可能完整地描述出对象系统的全部性能特征，这就要求在管理实践中对对象系统进行长期观察，观察对象系统在管理实践中的行为、实验等活动，并依托专家的知识和经验抽象出对象系统的全部性能特征。

在具体实施过程中，首先，要利用调查研究法、观察法、专家咨询法、综合分析法、扎根理论等方法，收集并融合评价执行者、对象系统、领域专家与其他现有研究的意见与信息，设计并构建一个综合评价指标全集；其次，利用目标层次法、Delphi等方法，理清指标间的类别、隶属等层次关系，对评价指标集的层次结构进行设计与构建。

2.初步筛选阶段

在指标体系的初步筛选阶段，其主要任务是确保评价指标可被衡量与观测，以及要权衡考虑观测成本与观测收益的问题。可操作性是该阶段需要实现的主要目标。可操作性就是要求评价指标体系中的每一个评价指标，无论是定性指标还是定量指标，首先要能够被观测与可衡量，换句话说，评价指标的评价数据可被采集，或者可被赋值，其次评价指标的数据或评价值要易于采集，观测成本不宜太大。因此在初步形成评价指标体系之后，运用专家咨询法，对评价指标体系中的每一个指标，逐个进行反复论证，剔除不可衡量、数据无法获取的指标。同时，对于评价指标体系中易引起数据造假或信息失真的某些指标，也要慎重考虑是否保留。

在具体实施过程中，对于评价指标的真实数据难以观测或观测成本太大的指标，如果可以通过计算机仿真、实验模拟等其他途径或方法来近似获取，则该指标可以考虑保留。

3.定量筛选阶段

由于初步构建阶段和初步筛选阶段注重追求评价指标的全面性和完备性，易引起评价指标数量过多，评价指标信息冗余，存在相关性指标等问题，因此需要对指标体系进行定量筛选。在指标体系的定量筛选阶段，其主要任务是对初步构建阶段和初步筛选阶段构建的指标体系进行定量简化，以降低或消除评价指标间的相关性，提高评价指标的整体显著性。独立性和显著性是该阶段需要实现的主要目标。独立性就是要求评价指标间尽可能避免存在交叉、重叠等信息相关，保持信息的独立性。显著性就是要求评价指标能显著的反映对象系统的特征，换句话说就是要对综合评价的结果有显著的贡献度。

在具体实施过程中，对于评价指标的独立性筛选，可利用协方差等统计学方法，对两两指标之间，以及多个指标间的相关性进行检验，对相关系数达到临界值以上的某些指标进行约简。对于评价指标的显著性筛选，可利用因子分析法、主成分分析法、离差最大化方法、权系数分析法、信息熵等理论与方法，计算评价指标的重要性程度（权重）或其评价数据的信息量，以判断该指标对评价结果的贡献度。指标的重要性程度越高或信息量越大，其对评价结果的贡献度也就越高，该指标的显著性也就越强，反之，对评价结果的贡献度也就越低，显著性也就越差。

4.合理性检验阶段

在指标体系的合理性检验阶段，其主要任务是检验经过筛选后保留的全部指标能否表达评价问题的主要特征和信息量。在评价指标体系的设计过程中，一般只要求用关键的主要指标表达出评价对象系统的主要特征和信息即可。那么，就需要计算经过定量筛选后的全部指标所保留的信息量占初步筛选后所有指标信息量的百分比。如果该比值达到某一标准就认定该综合评价指标体系通过合理性检验，反之，不通过合理性检验，就需要对指标体系进行重新调整。

5.反馈性检验阶段

在指标体系的反馈性检验阶段，其主要任务是根据评价结果执行后的效果以及事物发展与评价目标的改变，对评价指标体系能否可持续使用进行反馈性检验。由此可知，需要进行反馈性检验主要有以下两个原因：一是评价活动实施后，评价结果的执行效果不佳，没有达到预期目的，此时就需要通过因子分析法、灵敏度分析法等方法找出关键因素，对评价指标进行动态调整；二是评价目标的改变，随着事物的发展以及环境的变化，决策主体对评价活动的目标也会发生改变，那么评价指标也必然需要与时俱进地做出相应调整。

在具体实施过程中，首先，要观测评价活动实施后的效果，并做出科学合理的分析，判断是否有必要对指标体系进行调整；其次，要注意观察对象系统及其环境的变化状态，明确在新的环境下是否需要重新设计综合评价目标，一旦评价目标发生改变，评价指标体系也要随之做出改变和调整。

综上，初步构建、初步筛选、定量筛选、合理性检验和反馈性检验“五阶段”过程模型形成了一个完整的综合评价指标体系，这五个阶段不仅具有一定的层次性，而且构成了一个“闭环”。“五阶段”过程模型的实施都有相应的理论与方法提供支撑，并在此基础上，分别满足和实现综合评价指标体系设计的目的性、完备性、可操作性、独立性、显著性与动态性等原则。

至此，对于大多数综合评价问题，可以依据“目的性、完备性、可操作性、独立性、显著性与动态性”的设计原则，按照“初步构建、初步筛选、定量筛选、合理性检验和反馈性检验阶段”的基本流程，结合每个流程阶段实施中可以采用的理论与方法，规范化地设计与构建一套科学的综合评价指标体系。

（二）综合评价指标体系理论研究现状

1.综合评价指标理论体系研究现状

目前，理论界对综合评价指标体系理论的研究不够全面与完整，已有的研究基本上侧重在指标体系筛选与优化方法方面，而很少涉及其他理论与方法问题。

根据收集到的资料，关于综合评价指标体系理论问题的研究归纳起来大致有以下几个方面：

（1）关于指标体系筛选与优化问题的研究

邱东教授在这个方面的研究相对来说比较全面，他将评价指标体系的选取方法分为“定性和定量两大类”，并提出了定性选取评价指标的五条基本原则：目的性、全面性、可行性、稳定性、与评价方法协调性。目前各类多指标综合评价实践中基本上是采用这种定性方法进行指标选取。

对于定量选取评价指标，在理论界也有一些研究成果，如王硕平提出用数学方法选择社会经济指标；张尧庭教授等提出用数理统计方法选取评价指标，包括逐步判别分析、系统聚类与动态聚类、极小广义方差法、主成分分析法、极大不相关法等方法，并对它们的特点进行了分析；邱东教授也提到了用“条件广义方差极小原则”来选择评价指标体系，还提出一种根据指标相关性选择“典型指标”的方法，并详细分析了用主成分分析法进行指标筛选与排序中存在的问题；

何湘藩提出了“根据‘三力’建标法，运用评价值离差最大的指标体系就是最优评价指标体系的思想，建立了最优评价指标体系及相应的最优评价模型”；王庆石教授探讨了“统计指标间信息重叠的消减办法”，具体包括复相关系数法、多元回归法、逐步回归法、主成分分析法、因子分析法；王铮提出了采用综合回归法（又称“综合趋优法”）建立评估指标体系，并详细讨论了这一方法的三个基本部分：初始指标体系的建立、指标集的过滤、指标集的净化，这个过程虽然是针对教育评估问题给出的，但却是比较完整的定性与定量相结合的指标体系构造过程，可以推广到一般综合评价问题中。

所有这些讨论可归结为两个方面，一是有哪些原则或思想可为指标体系筛选提供基本思路，以确定指标体系的框架；二是有哪些定量方法可对指标进行统计分析或数值计算，以判断初步筛选的结果是否合理。

（2）关于评价指标体系构建原则的问题

从某种角度看，评价指标体系构建原则等价于指标体系定性选取原则，但二者还是有一些区别，构建原则包括了比选取原则更加广泛的内容：前者是“从无到有”的过程，后者是“从有到优”的过程。

一般的应用文献都是在对具体问题的评价指标体系构建时才提一些“指标体系构建原则”，诸如“科学性原则”“目的性原则”“层次性原则”“可操作性原则”“全面性原则”“统一性原则”“系统性原则”“可比性原则”等。将在第三节中详细展开。

（3）关于评价指标体系结构的优化方法问题

综合评价指标体系的结构问题，是一个非常重要的理论问题。合理的评价结构对于综合评价结果的准确性与深入分析都具有重要的意义。

2.国内外装配式建筑可持续发展评价指标体系

Lu和Yuan分析了预制阶段施工过程的减排能力。Dong等基于LCA方法对比了预制和现浇建筑在施工阶段的碳排放，证实了采用预制施工方式能够达到减排目的。Pons和Wadel分析了某装配式建筑的环境影响，发现采用预制技术能减少约60%的废弃物。Mao等比较了预制和传统现浇住宅施工阶段的环境影响，结果表明采用预制方法的住宅项目碳排放量更低。Hong等研究发现，预制构件除可重复利用之外，还可以从减少废物和高质量控制中节约能源。Wang等研究了预制板、复合板和现浇板的生命周期环境影响的差异，并分析了建筑寿命对建筑环境排放的影响。Jeong等人认为，非现场预制施工方法是对传统施工方法的升级换代，研究评估了一种可降低成本的新型预制柱，这种新型预制柱能够降低成本，但是这种柱的CO_2排放量比普通钢筋混凝土柱的CO_2排放量高出72.18%。

国内学者对装配式建筑的关注点不只局限于技术层面，对于装配式建筑的可持续性研究也开展起来。严薇等认为随着环境保护和建筑工业化要求的提高，装配式建筑也呈现快速发展的态势。任晓宇等从经济环境、社会资源等4个方面建立全生命周期视角下的装配式建筑可持续发展评价指标。李硕对装配式住宅建造过程的可持续性研究从环境与经济两个维度出发，但研究中缺乏衡量工具。徐雨濛从装配式建筑全寿命周期角度，以装配式建筑与传统建筑的区别为出发点，从经济、资源、环境、社会各方面分析了影响装配式建筑可持续发展的因素，构建了一套装配式建筑可持续评价指标体系，提出了实现装配式建筑可持续发展的建议。宋诺等从节能减排、质量和安全各个方面构建了装配式建筑与传统建筑施工阶段的可持续性差异指标，得出总体上装配式建筑的可持续性更优于传统建筑。石振武等从绿色供应链全生命周期角度构建装配式建筑绿色供应链结构模型，应用层次聚类-TOPSIS综合评价模型评价确定关键节点，从而优化管理装配式建筑绿色供应链。刘子琦等从七个环节分析了影响装配式建筑供应链可持续发展的因子，基于SCOR理论和因素，利用分解结构法建立了评价指标体系，在此基础上提出云物元评价模型，最后通过案例验证了云物元评价模型的可操作性和实用性，为装配式建筑供应链的可持续性评价提供了新的思路。

二、装配式建筑发展常用评价方法

（一）常用评价方法

评价方法的发展十分迅速，尤其是20世纪50年代以来，管理科学的进步更是促进了评价方法的迅速发展，使原有方法不断完善。从最初的专家评分法、综合指数评价法到后来的层次分析法（AHP）、多元统计（主成分、因子分析、聚类分析）、数据包络分析法（DEA）、模糊综合评价法、灰色系统评价法，再到近些年的物元评价法、信息熵、人工神经网络（ANN）等。从单一属性、单一目标评价发展到多属性、多目标综合评价；从定性评价到定量评价；从静态评价发展到动态评价；从个体评价发展的群组评价，评价方法日趋复杂化、数学化、多学科化。

目前，常用的评价方法主要有7大类：

（1）定性评价方法，主要包括专家会议法、德尔菲法。通过选择本领域专家，对各项评价指标所赋予相对重要性系数并分别求其算术平均值，将计算出的平均数作为各项指标的权重。其中专家会议法采用专家面对面讨论的形式；德尔菲法采用信函、邮件形式。

（2）多元统计评价方法，主要包括主成分分析、因子分析。它能够在多个对象和多个指标互相关联的情况下分析它们的统计规律，把数量较多的指标转化为几个综合指标，根据累积方差的大小确定权重。

（3）层次分析法（AHP），将复杂的评价对象排列为一个有序的、递阶层次结构的整体，然后让不同的专家对指标进行两两比较，计算各个评价项目的相对重要性系数，建立判断矩阵，依据计算结果确定各个指标的权重系数。

（4）信息论方法，主要指熵值法。通过计算熵值来判断一个事件的随机性及无序程度，指标的离散程度越大，该指标对综合评价的影响越大，对其应赋予的权重也就越大。

（5）运筹学方法，主要包括数据包络分析法（DEA）。以相对效率为基础，通过选取多指标投入和多指标产出，对同类型单位相对有效性进行评价。

（6）模糊学方法，主要是模糊综合评价、模糊层次分析法。应用模糊关系合成，从多个因素对评价对象隶属等级状况进行综合评价的一种方法。核心在于确定评价集并确定隶属度函数，从而构建评价矩阵。

（7）灰色系统论方法，主要指灰色关联度分析。通过各个比较序列集形成的曲线族，与参考数列构成的曲线间的几何相似程度来确定比较数列集与参考数列间的关联度。利用各方案与最优方案之间关联度的大小对评价对象进行比较、排序。

（二）常用评价方法的比较

就评价方法的应用特点而言，不同评价方法由于其原理及评价过程的不同，导致适用对象及对数据的要求都有所不同。定性评价方法简单方便、易于使用，但主观性较强，需要将指标的实际值与最优值、最差值进行比较，并进行标准化处理。这一过程与极值的选取会对最终评价结果造成影响，而其确定上又显得主观随意，因而评价结果很不稳定。因此，该类方法适宜用于评价问题具有明确的目标或参照系，它往往用于一些不太复杂的对象系统的评价和对比中。多元统计、层次分析、信息论等数理方法和运筹学方法运用了比较多的数学知识，方法相对严谨，但计算比较复杂。一般不需要给出代表决策者偏好的权重，也不需要给出输入输出的函数关系。而缺点是不允许输入输出数据是随机变量，且没有反映决策者的偏好。其应用范围限于具有多输入、多输出的对象系统的相对有效性评价；模糊学方法将模糊学运用于主观评价法中权重的确定，使得评价结果更符合实际，但工作量一般较大、应用范围限于指标数量有限的评价；灰色系统评价主要是评价与最优值的关联度，是一种相对比较，使用时需要知道评价指标体系最优的对象，一般最优的对象较难确定。

就研究对象的适用范围而言，专家会议法、信息熵法适用范围较广，既适用于评价对象较多的数据又适用于对象较少的数据；多元评价法适用于评价对象较多的数据；层次分析法与模糊综合评价法适用于评价指标较少的评价；灰色关联度分析适用于有比较对象的评价。以上几种方法均适用于对宏观研究对象的状态评价，而DEA则适用于效率评价，适用方向较为单一。不同方法的适用特点及适用范围如表4-1所示。

不同评价方法的比较 **表4-1**

<table>
<tr><th>名称</th><th>优点</th><th>缺点</th><th>应用</th></tr>
<tr><td>专家会议法</td><td>集思广益，专业判断给出权重，易于接受</td><td>随意性较大</td><td rowspan="2">应用范围较广泛，适用于各个领域</td></tr>
<tr><td>德尔菲法</td><td>对数据和评价对象没有特别的要求</td><td>结果因专家选择的不同而不同</td></tr>
<tr><td>多元评价法</td><td>减少了变量个数；消除了指标间的相关性</td><td>需要大量的统计数据；没有反映客观发展水平；符号有时会出现负值</td><td>适用于指标较多、对象较多，指标间有相关性的评价对象</td></tr>
<tr><td>层次分析法</td><td>定性与定量相结合；系统性</td><td>若一致性检验未通过，则需要调整判断矩阵；计算量很大，步骤烦琐</td><td>专家法的一种扩展，适用于指标数不是特别多的评价体系</td></tr>
<tr><td>信息熵法</td><td>客观；Excel可完成</td><td>有一定量的样本单位才能使用；没有反映客观发展水平</td><td>主要应用于宏观评价领域，评价对象较多</td></tr>
<tr><td>数据包络分析法（DEA）</td><td>能解决多种投入、多种产出的效率评价问题；单位不变性；可以进一步进行目标值与实际值的比较分析、敏感度分析和效率分析</td><td>有效性系数会随着评价指标集的增大而增大，甚至会接近于1；所有随机干扰项都被看成是效率因素；结果易受极值影响</td><td>最初适用于项目评价，现在可用于评价机构、城市、产业等的生产效率</td></tr>
<tr><td>模糊综合评价法</td><td>允许对一个指标进行判断时不确定性的存在；所得结果为一个向量，包含的信息量更加丰富</td><td>要对每一目标、每个因素确定隶属度函数，过于烦琐</td><td rowspan="2">起步相对较晚，但近些年各个领域（如医学、建筑业、环境质量监督、水利等）的应用也已初显成效，主要应用于环境质量、水质污染、经济效益、教师素质、农业综合生产力等评价领域</td></tr>
<tr><td>灰色系统评价法</td><td>不需要进行无量纲化；既适合大样本，也适合小样本的评价系统</td><td>测量结果受无关因素的影响；不同场合下的结果不具有可比性</td></tr>
</table>

装配式建筑发展水平评价涉及范围广、产业链条长，可能会造成信息不完整。本书通过向装配式建筑资深专家进行访谈的方式对评价过程中所需要的指标信息进行搜集，较大程度上保证评价结果的准确性。根据装配式建筑发展的评价特点，适合于本研究的评价方法有模糊综合评价法、灰色系统评价法、数据包络分析法三种。

（三）灰色系统评价法

1.灰色系统评价法的思想和原理

在控制论中，人们常用颜色的深浅来形容信息的明确程度。用“黑”表示信息未知，用“白”表示信息完全明确，用“灰”表示部分信息明确、部分信息不明确。相应地，信息未知的系统称为黑色系统信息，完全明确的系统称为白色系统信息，不完全确知的系统称为灰色系统。灰色系统是介于信息完全知道的白色系统和一无所知的黑色系统之间的中介系统。带有中介性的事物往往具有独特的性能，更值得开发。

灰色系统是贫信息的系统，统计方法难以奏效。灰色系统理论能处理贫信息系统，适用于只有少量观测数据的项目。灰色系统理论是我国著名学者邓聚龙教授于1982年提出，它的研究对象是“部分信息已知，部分信息未知”的“贫信息”不确定性系统，它通过对部分已知信息的生成开发实现对现实世界的确切描述和认识。换句话说，灰色系统理论主要是利用已知信息来确定系统的未知信息，使系统由“灰”变“白”。其最大的特点是对样本量没有严格的要求，不要求服从任何分布。

社会经济等系统具有明显的层次复杂性、结构关系的模糊性、动态变化的随机性、指标数据的不完全性和不确定性。比如由于技术方法、人为因素等，造成各种数据误差、短缺甚至虚假现象，即灰色性，由于灰色系统的普遍存在决定了灰色系统理论具有十分广阔的发展前景。随着灰色系统理论研究的不断深入和发展，其已经在许多领域取得不少应用成果。

回归分析虽然是一种较通用的方法，但大都只用于少因素的、线性的，对于多因素的、非线性的则难以处理。灰色系统理论提出了一种新的分析方法，即系统的关联度分析方法，这是根据因素之间发展态势的相似或相异程度来衡量因素间关联程度的方法。

进行关联度分析，首先要找准数据序列，即用什么数据才能反映系统的行为特征。当有了系统行为的数据列（即各时刻的数据）后，根据关联度计算公式便可算出关联程度。

关联度反映各评价对象对理想（标准）对象的接近次序，即评价对象的优先次序。其中，灰色关联度最大的评价对象为最优次序。

灰色关联分析，不仅可以作为优势分析的基础，而且也是进行科学决策的依据。

由于关联度分析方法是按发展趋势进行分析，因此对样本量的多少没有要求，也不需要有典型的分布规律，计算量小，即使是上十个变量（序列）的情况也可用手算，且不会出现关联度的量化结果与定性分析不一致的情况。关联度分析方法的最大优点是它对数据量没有太高的要求，即数据多与少都可以分析。它的数学方法是非统计方法，在系统数据资料较少和条件不满足统计要求的情况下，更具有实用性。

概括地说，由于人们对评判对象的某些因素不完全了解，致使评判根据不足；或者由于事物不断发展变化，人们的认识落后于实际，使评判对象已经成为“过去”；或者由于人们受事物伪信息和反信息的干扰导致判断发生偏差等。所有这些情况归结为一点，就是信息不完全，即“灰”。灰色系统理论是从信息的非完备性出发，研究和处理复杂系统的理论，它不是从系统内部特殊的规律出发去讨论，而是通过对系统中某一层次的观测资料加以数学处理，达到在更高层次上了解系统内部变化趋势、相互关系等机制。其中，灰色关联度分析是灰色系统理论应用的主要方面之一。基于灰色关联度的灰色综合评价法是利用各方案与最优方案之间关联度的大小对评价对象进行比较排序。

2.灰色系统评价法述评

灰色关联度分析认为，若干个统计数列所构成的各条曲线几何形状越接近，即各条曲线越平行，则它们的变化趋势越接近，其关联度就越大。该方法首先是求各个方案与由最佳指标组成的理想方案的关联系统矩阵，由关联系统矩阵得到关联度，再按关联度的大小进行排序、分析得出结论。灰色关联度分析的核心是计算关联度，关联度越大，说明比较序列与参考序列变化的态势越一致，反之，变化态势则相悖。可以说，灰色关联分析的工具就是灰色关联度，所以灰色关联度及其计算方法具有重要的意义。

采用灰色关联度模型进行评价是从被评价对象的各个指标中选取最优值作为评价的标准。实际上是评价各个被评对象和此标准之间的距离，这样可以较好地排除数据的“灰色”成分。且该标准并不固定，不同的样本会有不同的标准。即便是同一样本在不同的时间其标准也会不同，但不管如何，选取值始终是样本在被选时刻的最优值。构造理想评价对象可用多种方法，如可用预测的最佳值、有关部门规定的指标值、评价对象中的最佳值等，这时求出的评价对象关联度与其应用的最佳指标相对应，显示出这种评价方法在应用上的灵活性。具体地说，需要确定参考数据列。确定原则为：参考数据列各项元素是以各系统技术经济指标数据列选出最佳值组成。比如，效益指标，人们希望越高越好；而成本指标，人们希望越低越好。

灰色系统评价法是一种定性分析和定量分析相结合的综合评价方法，这种方法可以较好地解决评价指标难以准确量化和统计的问题，排除了人为因素带来的影响，使评价结果更加客观准确；整个计算过程简单通俗易懂，易于掌握；数据不必进行归一化处理，可用原始数据进行直接计算，可靠性强；评价指标体系可以根据具体情况增减：无须大量样本，只要有代表性的少量样本即可。缺点是要求样本数据具有时间序列特性。当然该方法只是对评判对象的优劣做出鉴别，并不反映绝对水平。而且，基于灰色关联系数的综合评价具有“相对评价”的全部缺点。另外，灰色关联系数的计算还需要确定“分辨率”，而它的选择并没有一个合理的标准。需要说明的是，应用该种方法进行对象评价时，指标体系及权重分配也是一个关键问题，选择的恰当与否直接影响最终评价结果。另外，要注意现在常用的灰色关联度量化所求出的关联度总为正值，这不能全面反映事物之间的关系，因为事物之间既可以存在正相关关系，也可以存在负相关关系。

（四）模糊综合评价法

1.模糊综合评价法的思想和原理

在客观世界中存在着大量的模糊概念和模糊现象。一个概念和与其对立的概念无法划出一条明确的分界，它们是随着量变逐渐过渡到质变。

凡涉及模糊概念的现象被称为模糊现象。现实生活中的绝大多数现象存在着中间状态，并非非此即彼，而是表现出亦此亦彼，存在着许多甚至无穷多的中间状态。模糊性是事物本身状态的不确定性或者说是指某些事物或者概念的边界不清楚，这种边界不清楚不是由于人的主观认识达不到客观实际所造成的，而是事物的一种客观属性，是事物的差异之间存在着中间过渡过程的结果。

模糊数学就是试图利用数学工具解决模糊事物方面的问题。1965年，美国加州大学的控制论专家扎德根据科技发展的需要，经过多年的潜心研究发表了一篇题为《模糊集合》的重要论文，第一次成功地运用精确的数学方法描述了模糊概念，从而宣告模糊数学的诞生。从此，模糊现象进入了人类科学研究的领域。

模糊数学着重研究“认知不确定”问题，其研究对象具有“内涵明确，外延不明确”的特点。模糊数学的产生把数学的应用范围，从精确现象扩大到模糊现象的领域，去处理复杂的系统问题。模糊数学绝不是把已经很精确的数学变得模糊，而是用精确的数学方法来处理过去无法用数学描述的模糊事物。从某种意义上说，模糊数学是架在形式化思维和复杂系统之间的一座桥梁，通过它可以把多年积累起来的形式化思维，也就是精确数学的一系列成果，应用到复杂系统中去。

模糊数学的出现，使我们在研究那些复杂且难以用精确的数学描述的问题变的方便而又简单。国际上有人说它是“异军突起”。也正是因为这一点，模糊数学才能渗透到各个领域中去，并且显示出强大的生命力。

一个事物往往需要用多个指标刻画其本质与特征，并且人们对一个事物的评价又往往不是简单的好与不好，而是采用模糊语言分为不同程度的评语。由于评价等级之间的关系是模糊的，没有绝对明确的界限，因此具有模糊性。显而易见，对于这类模糊评价问题利用经典的评价方法存在着不合理性。那么用什么办法解决这类问题呢？应用模糊数学的方法进行综合评判将会取得更好的实际效果。

模糊综合评价是借助模糊数学的一些概念，对实际的综合评价问题提供一些评价的方法。具体地说模糊综合评价就是以模糊数学为基础，应用模糊关系合成的原理，将一些边界不清不易定量的因素定量化，从多个因素对被评价事物隶属等级状况进行综合性评价的一种方法。

应用模糊集合论方法对决策活动所涉及的人、物、事、方案等进行多因素、多目标的评价和判断就是模糊综合评判。模糊综合评判作为模糊数学的一种具体应用方法，最早是由我国学者汪培庄提出的，其基本原理是首先确定被评判对象的因素（指标）集和评价（等级）集；再分别确定各个因素的权重及它们的隶属度向量，获得模糊评判矩阵；最后把模糊评判矩阵与因素的权向量进行模糊运算，并进行归一化，得到模糊评价综合结果。可见，评判过程是由着眼因素和评语构成的要素系统，着眼因素和评语一般都有模糊性，不宜用精确的数学语言描述。

模糊综合评价方法是在模糊环境下，考虑多种因素的影响，为了某种目的对一事物做出综合决策的方法。它的特点在于逐一对对象进行评判，对被评价对象有唯一的评价值，不受被评价对象所处对象集合的影响。综合评价的目的是要从对象集中选出优胜对象，所以还需要将所有对象的综合评价结果进行排序。所以，模糊综合评判法也将针对评判对象的全体，根据所给的条件，给每个对象赋予一个非负实数—评判指标，再据此排序择优。

2.模糊综合评价法述评

模糊综合评价法是利用模糊集理论进行评价的一种方法。具体地说，该方法是应用模糊关系合成的原理，从多个因素对被评判事物隶属等级状况进行综合性评判的一种方法。模糊评价法不仅可对评价对象按综合分值的大小进行评价和排序，而且还可根据模糊评价集上的值，按最大隶属度原则去评定对象所属的等级。这就克服了传统数学方法结果单一性的缺陷，使结果包含的信息量丰富。这种方法简易可行，在一些用传统观点看来无法进行数量分析的问题上显示了它的应用前景，它很好地解决了判断的模糊性和不确定性问题。由于模糊的方法更接近于东方人的思维习惯和描述，因此它更适应于对社会经济系统问题进行评价。

模糊综合评价的优点是可对涉及模糊因素的对象系统进行综合评价。作为较常用的一种模糊数学方法，它广泛地应用于经济社会等领域。然而随着综合评价在经济、社会等大系统中的不断应用，由于问题层次结构的复杂性、多因素性、不确定性、信息的不充分以及人类思维的模糊性等矛盾的涌现，使得人们很难客观地做出评价和决策。模糊综合评判方法的不足之处是它并不能解决评价指标间相关造成的评价信息重复问题，隶属函数的确定还没有系统的方法，而且合成的算法也有待进一步探讨。其评价过程大量运用了人的主观判断，由于各因素权重的确定带有一定的主观性，因此，总的来说，模糊综合评判是一种基于主观信息的综合评价方法，实践证明综合评价结果的可靠性和准确性依赖于合理选取因素的权重分配和综合评价的合成算子等。所以，无论如何都必须要根据具体综合评价问题的目的、要求及其特点从中选取合适的评价模型和算法，使所做的评价更加客观科学和有针对性。

对于一些复杂系统，需要考虑的因素很多，这时会出现两个方面的问题：一方面是因素过多，对它们的权数分配难以确定；另一方面，即使确定了权数分配，由于需要归一化条件，每个因素的权值都很小，再经过Zadeh算子综合评判，常会出现没有价值的结果。针对这种情况，我们需要采用多级（层次）模糊综合评判的方法。按照因素或指标的情况，将它们分为若干层次，先进行低层次各因素的综合评价，其评价结果再进行高一层次的综合评价。每一层次的单因素评价都是低一层次的多因素综合评价，以此类推，从低层向高层逐层进行。另外，为了从不同的角度考虑问题，我们还可以先把参加评判的人员分类。按模糊综合评价法的步骤，给出每类评价人员对被评价对象的模糊统计矩阵，计算每类评判人员对被评价者的评判结果，通过“二次加权”来考虑不同角度评委的影响。

（五）数据包络分析法

1.数据包络分析法的思想和原理

一个经济系统或一个生产过程可以看成一个单元在一定可能范围内，通过投入一定数量的生产要素并产出一定数量的“产品”活动。虽然这些活动的具体内容各不相同，但其目的都是尽可能地使这一活动取得最大“效益”。这样的单元被称为决策单元（Decision making units，DMU）。可以认为每个DMU都代表一定的经济意义，它的基本特点是具有一定的输入和输出，并且在将输入转换成为输出的过程中，努力实现自身的决策目标。

DMU的概念是广义的，可以是一个大学，也可以是一个企业，也可以是一个国家。在许多情况下，我们对多个同类型的DMU更感兴趣。所谓同类型的DMU，是指具有以下特征的DMU集合：具有相同的目标和任务；具有相同的外部环境；具有相同的输入和输出指标。另外，在外部环境和内部结构没有太大变化的情况下，同一个DMU的不同时段也可视为同类型DMU。

在评价各DMU时，评价的依据是决策单元的“输入”数据和“输出”数据。根据输入和输出数据来评价决策单元的优劣，即所谓评价部门（单位）间的相对有效性。由经验可以断定每个决策单元的有效性将涉及两个方面：

（1）建立在相互比较的基础上，因此是相对有效性。

（2）每个决策单元的有效性依赖于输入综合与输出综合的比。

数据包络分析（Data envelopment analysis，DEA）是著名运筹学家A. Charnes和 W.W. Copper等学者以“相对效率”概念为基础，根据多指标投入和多指标产出对相同类型的单位（部门）进行相对有效性或效益评价的一种新的系统分析方法。它是处理多目标决策问题的好方法，应用数学规划模型计算比较决策单元之间的相对效率，对评价对象做出评价。

通常应用是对一组给定的决策单元选定一组输入、输出的评价指标，求所关心的特定决策单元的有效性系数，以此来评价决策单元的优劣，即被评价单元相对于给定的那组决策单元中的相对有效性。也就是说通过输入和输出数据的综合分析，DEA可以得出每个DMU综合效率的数量指标，据此将各决策单元定级排队，确定有效的决策单元，并可给出其他决策单元非有效的原因和程度。即它不仅可对同一类型各决策单元的相对有效性做出评价与排序，而且还可以进一步分析各决策单元非DEA有效的原因及其改进方向，从而为决策者提供重要的管理决策信息。

这是一个多输入/多输出的有效性综合评价问题。多输入/多输出正是DEA重要且吸引人注意的地方，这是它自身突出的优点之一。可以说在处理多输入/多输出的有效性评价方面，DEA具有绝对优势。DEA特别适用于具有多输入/多输出的复杂系统，这主要体现在以下几点：

（1）DEA以决策单元各输入输出的权重为变量，从最有利于决策单元的角度进行评价，从而避免了确定各指标在优先意义下的权重。

（2）假定每个输入都关联到一个或者多个输出，而且输出输入之间确实存在某种关系，使用DEA方法则不必确定这种关系的显示表达式。

DEA最突出的优点是无须任何权重假设，每一输入输出的权重不是根据评价者的主观认定，而是由决策单元的实际数据求得的最优权重。因此DEA方法排除了很多主观因素，具有很强的客观性。

DEA是以相对效率概念为基础，以凸分析和线性规划为工具的一种评价方法，这种方法结构简单、使用方便。自1978年提出第一个DEA模型—C^2R模型并用于评价部门间的相对有效性以来，DEA方法不断得到完善并在实际中被广泛应用，诸如被应用到技术进步、技术创新、资源配置、金融投资等各个领域，特别是在对非单纯盈利的公共服务部门，如学校、医院等，在某些文化设施的评价方面被认为是一个有效的方法。应用DEA方法评价部门相对有效性的优势地位是其他方法所不能取代的，或者说它对社会经济系统多投入和多产出相对有效性评价是独具优势的。

2.数据包络分析法述评

DEA法的一个直接和重要的应用就是根据输入/输出数据对同类型部门、单位（决策单元）进行相对效率与效益方面的评价。其特点是完全基于指标数据的客观信息进行评价，剔除了人为因素带来的误差。一般来说，利用DEA法进行效率评价，可以获得如下管理信息：设计出科学的效率评价指标体系，确定各决策单元的DEA有效性，为宏观决策提供参考分析；决策单元的有效性对各输入/输出指标的依赖情况，了解其在输入/输出方面的“优势”和“劣势”。DEA法的优点是可以评价多输入多输出的大系统，并可用“窗口”技术找出单元薄弱环节加以改进。缺点是只表明评价单元的相对发展指标，无法表示出实际发展水平。

不需要预先给出权重是DEA法的一个优点，但有时也成为其一个缺点。就DEA模型本身的特点而言，各输入/输出向量对应的权重是通过相对效率指数进行优化来决定的，这一方面有利于我们处理那些输入、输出之间权重信息不清楚的问题，另一方面也有利于我们排除对权重施加某些主观随意性。但是在实际中确实也存在下面的情况：

（1）人们对输入/输出之间的权重信息有一定了解。

（2）根据实际需要，要对权重施以一定约束。

（3）单纯的DEA模型得到的权重缺乏合理性和可操作性，因此需要修正。

DEA方法存在一个最致命的缺陷，是由于各个决策单元是从最有利于自己的角度分别求权重，导致这些权重是随DMU的不同而变化，从而使每个决策单元的特性缺乏可比性，得出的结果可能不符合客观实际。

要考虑输入/输出指标体系的多样性。由于DEA方法的核心工作是“评价”，因此针对某个评价目的，其评价指标体系并不一定是唯一的，特别是我们一般希望各DMU在DEA分析中有效性有显著差别，或者希望能观察到哪些指标对

DMU有效性有显著影响。为了能做到这些，一个常用的方法就是我们可以在实现评价目的的前提下，设计多个输入/输出指标体系，在对各体系进行DEA分析后，将分析结果放在一起进行分析比较。另外，下面的做法值得注意，就是如果将较多的DMU放在一起时，“同类型”反映不够充分，但若将它们按一定特性分成几个子集，则每个子集内的DMU较好地体现出“同类型”，这样我们可以分别对这几个子集分别进行DMU分析，再将分析结果独立、综合地进行分析，这样做往往能够得到一些新的有用信息。此外，在输入/输出指标体系的建立过程中，采用相对性指标与绝对性指标的搭配、定性指标的“可度量性”、指标数据的可获得性、指标总量究竟多少为宜等问题，也是我们在实际工作中会遇到并且要逐一加以解决的。

第三节　装配式建筑可持续发展评价指标体系建立的原则

一般来说，应以尽量少的“主要”评价指标用于实际评价，在初步建立的评价指标集合中也可能存在着一些“次要”的评价指标，这就需要按某种原则进行筛选，分清主次，合理组成评价指标体系。当然在大多数情况下要确定最优指标体系也几乎是不现实的。不过，这并不代表可以随意地确定评价指标。

不同的综合评价方法对指标体系的要求存在差别。实际构造评价指标体系时，有时需要先定方法再构建指标。另外，实践是检验真理的唯一标准，也是评价指标体系设计的最终目的，综合评价指标体系需要在实践中逐步完善。因此，以下两点是必须引起重视的：一是指标体系的层次结构如何确定，层次结构指标体系应该分成几层才合理，每层有多少指标比较符合实际。二是指标的取值，每个指标其实都有自己的实际取值，不管是主观还是客观，而且指标的取值是对应着指标的评价标准。

还需要注意的是，在对备选方案进行综合评价之前，要注意评价指标类型的一致化处理。有些指标是正指标，有些指标是逆指标，有些是适度指标（即中性指标）。而且，有些指标是定量的，有些指标是定性的，指标处理中要保持同趋势化以保证指标间的可比性。对于效益型指标，越大越好；对于成本型指标，则越小越好。在综合评价时，会遇到一些定性的指标，定性指标的信息不加利用，会造成信息的浪费，直接使用，又有困难，所以通常总希望能给予量化，使量化后的指标可与其他定量指标一起使用。也就是说，对于定性指标首先要经过各种处理，使其转化成数量表示。对于定量指标，其性质和量纲也有所不同，造成了各指标间的不可共度性。为了尽可能地反映实际情况，排除由于各项指标的单位不同，以及其数值数量级间的悬殊差别所带来的影响，避免不合理现象的发生，需要对评价指标做无量纲化处理。归纳起来，有以下三种情况：一是定性指标数量化；二是逆向指标和适度指标正向化；三是定量指标无量纲化。

一、一般性原则

装配式建筑发展的影响因素具有多样性和全面性，既要分析每个子系统对装配式建筑的影响，又要从宏观的角度分析装配式建筑发展对社会发展的影响。因此，装配式建筑可持续发展水平的研究是一项复杂研究，整个系统中每个指标都会影响整体系统评价的优劣。所以，在评价指标体系的构建过程中找出较为关键的指标具有很大意义。评价指标体系构建的合理性是评价结果真实可靠的关键因素。因此，在构建装配式建筑可持续发展指标体系时，不仅要体现我国装配式建筑发展的特征，还应遵循一定的建立原则，一般区域发展水平评价指标体系的构建要符合科学性原则、广泛适用性原则、系统性原则以及可操作性原则等。

（一）科学性原则

指标的选择以经济理论、可持续发展理论等理论为基础，指标权重的确定、计算与合成以定量分析方法为依据。通过多指标的筛选与合成，以较少的综合性指标，规范、准确地反映装配式建筑发展的状况，揭示各地装配式建筑发展的差异及原因，发掘各地装配式建筑存在的比较优势。

学术研究必须以严谨的思维逻辑为基础，在选取装配式建筑发展水平评价指标时，必须严格遵循客观事实，注重理论和实践相结合，使评价指标体系能够在基本概念和逻辑结构上严谨，能够合理抓住评价对象的实质，具有针对性，能够全面、真实地反映装配式建筑的发展情况，同时体现出我国装配式建筑特色。除此之外，指标体系容量的大小也是影响评价结果的重要因素，指标数量过多或过少都会影响评价结果的准确定，只有坚持科学性原则，才能保证评价结果的可利用和参考。

（二）系统性原则

评价指标体系中尽可能用较少的指标全面系统地反映装配式建筑的各个方

面，既要避免指标体系过于庞杂，又要避免单因素选择，使评价指标体系达到总体最优。各指标之间相互联系、相互制约，选择指标项时应采用系统的方法，由总指标分解成次级指标，组成树状结构的指标体系，使体系的各个要素及其结构都能满足系统优化要求。

系统性原则要求对装配式建筑发展水平进行评价时要有全局观和大局意识。从系统角度分析，建筑业系统是“社会—资源—环境系统”中的一个子系统，装配式建筑系统是工业和建筑业中的一个子系统，而装配式建筑中又包含了很多子系统。因此，我们要依据系统性原则，综合考虑各个子系统和装配式建筑，以及装配式建筑与建筑业系统之间的作用关系。

（三）可操作性原则

评价指标体系侧重实用性和可操作性。在保证评价结果客观、全面的基础上，评价指标体系的设计尽可能简化，指标计算评价方法简便易行，使企业和审核人员易于理解和掌握。所需数据易于获得，并且来源渠道具有可靠性，尽可能有效地利用统计资料和有关规范标准。整体操作规范，严格控制，确保数据的准确性。

任何科学、完善的指标体系都必须经过评估实践检验。因此，要充分考虑指标的可操作性。一方面，用尽量少的指标来反映装配式建筑的总体状况，即指标覆盖性与概括性相结合；另一方面，指标的统计数据要直观，利用现有统计渠道和统计数据，辅以抽样调查，能够取得较为准确的数据，并且转换数据方法简便易掌握。

（四）导向性原则

评价指标体系，最终要反映装配式建筑的综合发展水平，其中任何指标的设置在实施中都将起到引导和导向作用。因此在选择指标时，不仅要能体现出装配式建筑的发展现状，更要体现装配式建筑的发展趋势。在设置指标权重的时候要带有政策导向性，对于关键指标要赋予较大的权数。

指标是目标的具体化描述。因此，评价指标要能真实地体现和反映综合评价的目的，能准确地刻画和描述对象系统的特征，要涵盖为实现评价目的所需的基本内容。同时评价指标也要为评价对象和评价主体实现评价目的，或为提高评价目标提供努力和改进的方向，即评价指标在体现评价目的的基础上也应具有一定的导向性。

二、特殊性原则

装配式建筑可持续发展指标体系的设计是一个很复杂的问题，由于是一个同传统建筑行业相区别的新型建筑体系，因此需要考虑的因素较多，一是立足于行业本身可持续发展的特点；二是突出与传统建筑的区别。

1.装配式建筑指标体系必须与国家规定和认可的体系形成整体，指标思想保持一致。

2.不同指标体系的建立应该结合装配式建筑的特点及影响因素来确定。不同的对象，自身特点也会不同，发展和运作过程中对经济、资源、环境和社会等各方面的影响程度也不尽相同，因此指标系统建立的侧重点也会有所不同。

3.指标的建立要突出区别，即装配式建筑与传统现浇建造方式的区别。装配式建筑与传统建筑同属于建筑行业，具有某些相同的特点，也存在很多差异。相比传统现浇方式，装配式建筑的区别和优势到底在哪里，是大家最关心与困惑的关键问题所在，因此，在指标体系建立的过程中也将会重点体现这些因素。

第四节　装配式建筑可持续发展评价指标体系的构建

一、评价指标初选

本书参考了工业化建筑、装配式建筑、装配式建筑评价指标体系的相关文献，在检索到的论文中选出EI、中文核心、重点院校硕博论文等40余篇具有代表性的文献，如表4-2所示，对于文献中出现频次较高的指标进行罗列，得出初选指标如表4-3所示。

文献来源　　表4-2

文献数量	文献来源		
	核心期刊	学术论文	专著
期刊文献（25篇）	建筑经济	中南大学	化学工业出版社
学术论文（8篇）	工程管理学报	哈尔滨工业大学	International Structural Engineering and Construction Conference
书籍（3本）		重庆大学	

初选指标　　表4-3

序号	评价指标
1	强制性政策
2	补贴政策
3	技术标准
4	政府对装配式建筑的支持力度
5	产业结构科学化水平
6	施工装配化水平
7	信息化管理程度
8	产业集群化水平
9	施工组织和管理科学化水平
10	构配件和部品生产工厂化水平
11	设计标准化程度
12	从业人员水平
13	产业工人技术熟练程度
14	科研经费投入水平
15	成本效益水平
16	资源利用率
17	消费者了解程度
18	消费者满意度
19	产业化企业市场占有水平
20	区域经济贡献水平
21	规模效益水平
22	绿色节能水平
23	土地市场供应水平
24	资源优化配置程度
25	建筑产品性价比

表4-3包含25个初选指标，所选取的指标是通过文献调研法得出的，其适用性和合理性有待考证。为了避免初选指标中出现“意思重复项”“范畴不对等项”“歧义项”等指标，本研究首先采用头脑风暴法对指标进行初步筛选。

指标初选的流程如下：由3名装配式建筑领域专家和6名课题研究成员组成头脑风暴小组。本次会议的目的以及文献调研法得到的指标已经提前以会议通知的形式发放给每一位小组成员。会议开始之前再次强调了本次会议的目的和会议流程，之后小组成员逐个表达自己的观点，成员之间进行了激烈的讨论。

会议计时1小时55分钟。根据小组成员提出的建议，对表4-3中初选的指标做如下处理：

（一）需要删除的指标

1.删除“强制性政策”“补贴政策”“技术标准”：这些项为“意思重复项”。都是用来描述政府对装配式建筑的支持力度的指标，因此可以用“政府对装配式建筑的支持力度”替代。

2.删除“产业集群化水平”：此项为“范畴不对等项”。会议成员认为该项指标涵盖范畴过大，与其他指标不属于同一层次的指标，且由于其他指标涵盖了“产业集群化水平”表达的含义，故予以删除。

3.删除“规模效益水平”：此项为“歧义项”。该指标可以表达两层含义：装配式建筑产业规模和装配式建筑发展带来的经济效益，而评价指标建立的原则是内涵清晰，因此该项指标予以删除。

4.删除“建筑产品性价比”：此项为“不恰当项”。查阅资料显示，目前装配式建筑成果与传统建造方式成果相比造价相对较高，而且不同的人群对生活环境的要求不尽相同，“性价比”这一指标没有明确的衡量依据，不能用于衡量装配式建筑的发展水平。

5.删除“消费者了解程度”“消费者满意度”：两项为“不恰当项”。目前，装配式建筑的发展在我国还处于初级阶段，且现阶段装配式建筑的造价较高，大众对于新鲜事物的接受还需要考虑性价比等多方面的因素，与装配式建筑的发展水平没有直接的联系，所以不能用大众的接受程度来衡量装配式建筑的发展情况。

6.删除“资源利用率”：此项为“意思重复项”。指资源是否被合理利用，与“资源优化配置程度”意思相近。

7.删除“产业工人技术熟练程度”：此项为“意思重复项”。指产业工人将劳动力转化为劳动成果的水平，与“从业人员水平”意思相同。

（二）添加的指标

为保证评价指标的全面性和科学性，在减少指标的基础上，各位小组成员针对我国装配式建筑发展特色，对评价指标进行补充，具体情况如下：

1.添加“发展协同水平”：指在装配式建筑发展过程中，相关设计、生产、装配、管理、装修等上下游企业相互协调程度。本书主要围绕我国装配式建筑相互联系和协作程度开展，由于各地存在区域行政壁垒、分工协作的体制障碍较严重，如何能够让各地发挥自身产业优势，共同促进装配式建筑的发展是本书研究的中心。

2.添加“建筑部品与构件产品认证制度”：指由可以充分信任的第三方，并证实装配式建筑相关的部品部件产品、建筑产品等符合已经制定的标准或者技术规范的活动，是现在逐步兴起的一种把控产品或服务质量的方式。

二、评价指标优化

为保证评价指标体系的实用性和科学性，本研究采用问卷调查的方法，对上述指标进行分析，对指标体系再次优化，以建立一套完整科学的装配式建筑发展水平评价指标体系，确保评价结果的真实性。

（一）问卷调查设计

指标适用性评价的选取是影响指标构建合理性的关键因素，本研究邀请了20位专家进行指标重要程度的打分，其中高校教授5人，从事装配式建筑的相关工作人员8人，主管单位工作人员4人，以及本课题组参与人员3人。受到实际条件的约束，问卷调查的发放采用线上问卷和线下同时进行，其中线下发放13份调查问卷，线上发放7份调查问卷。问卷设计采用李克特量表的形式，将各个指标的重要程度分为5级，分数从1～5分别表示“很不重要”“较不重要”“重要”“较为重要”“很重要”五个层次。问卷调查详情见附录I。

（二）问卷回收与数据处理

调查问卷发放一周后陆续收回调查问卷，线下咨询专家13人，其中10人给出可利用答复；通过邮件咨询专家8位，收到6位专家的有效回复。经统计，共得到16位专家的有效回复，有效率为80%。艾尔·巴比的研究指出，问卷有效率达到70%以上即为问卷有效，因此，本次咨询结果可利用。咨询专家基本信息如表4-4所示。之后，通过对问卷数据的分析进行指标再优化。

咨询专家基本信息　　表4-4

人员信息	类别	人数	比例
工作单位	行政主管部门领导	2	12.50%
	高校科研单位	7	43.75%
	设计单位	4	25.00%
	施工单位	3	18.75%

1.问卷可靠性分析

可靠性分析（Reliability analysis）就是根据调查问卷的填写情况对问卷的有效性和可信性进行分析。测算可靠性的方法有很多种，其中应用最多的是 α 信度系数。测算结果如表4-5所示。

α 取值含义分析　　表 4-5

α取值范围	问卷可靠性状况
$\alpha > 0.9$	可靠性好
$0.8 < \alpha < 0.9$	可靠性较好
$0.7 < \alpha < 0.8$	可靠性一般，但可以采用
$\alpha < 0.7$	可靠性差，需重新发放问卷

本研究采用SPSS软件进行信度分析，最终得出$\alpha > 0.8$，对照表4-5可知，调查问卷可靠有效，因此可进行接下来的指标筛选。

2.指标筛选

本研究通过每个指标的算术平均值和标准差得到各个指标的“意见集中度”和“意见起伏度”，指标的“意见集中度”值越高，表示该指标相对重要；指标“意见起伏度”值越小，表示各专家对于该指标重要程度的意见相对一致。

设x_{ij}表示第i个专家对第j个指标的重要程度评分值，用m表示专家的数量，n表示指标的数量。计算过程如下所示：

（1）利用公式$J = \frac{x_1 + x_2 + \cdots + x_m}{m}$计算“意见集中度”的值，用于反映某一指标重要程度的平均值；

（2）利用公式$Q = \sqrt{\frac{\sum_1^m \left(x_j - J\right)^2}{m}}$计算“意见起伏度”的值，用于反映专家对于某一指标重要程度意见的一致性。

“意见集中度”的值以2.5为分界点，“意见起伏度”的值以1为分界点，每一指标的Q和J计算结果处理依据如下所示：

$J \leqslant 2.5$且$Q \leqslant 1$，指标舍去；

$J > 2.5$且$Q \leqslant 1$，指标保留；

$J \leqslant 2.5$且$Q > 1$，通过分析后决定指标取舍；

$J > 2.5$且$Q > 1$，该指标的重要程度需要重新根据专家调查结果决定。

将专家评分值代入上述公式，得出Q值和J值，结果如表4-6所示。

对表4-6计算结果分析可知，J大于2.5的指标有15个，其中“建筑部品与构件产品认证制度”和“土地市场供应水平”的J值小于2.5，需要进行分析后

问卷调查数据处理结果 表4-6

评价指标	意见集中度 J	意见起伏度 Q
成本效益水平	3.80	0.678
经济贡献力水平	4.25	0.622
科研经费投入水平	3.65	0.792
从业人员水平	4.00	0.837
产业化企业的市场占有水平	3.80	0.678
产业链结构科学化水平	3.90	0.436
施工组织与管理科学化水平	3.55	0.589
发展协同水平	3.75	0.766
政府对装配式建筑的支持力度	4.10	0.539
土地市场供应水平	2.20	0.510
信息化管理程度	3.65	0.572
设计标准化程度	3.60	0.663
构配件和部品生产工厂化水平	3.65	0.572
施工装配化水平	3.70	0.458
建筑部品与构件产品认证制度	2.40	1.020
资源优化配置程度	2.85	0.726
绿色节能水平	3.00	0.447

再做处理。

“土地市场供应水平”的J值为2.2，而Q值为0.51，表明专家普遍认为该指标的重要程度较低，因此，可以将该指标删除。

“建筑部品与构件产品认证制度”的J值为2.4，而Q值达到1.02，表明专家对该指标的重要程度意见不一致，无法决定该指标是否删除。本研究在向专家解释指标“建筑部品与构件产品认证制度”的内涵和应用情况的基础上，再次请专家对该指标的重要程度进行打分，得出该指标J值为2.85，Q值为0.4，表明该指标可以留用。

定性指标和定量指标在评价过程中各有所长，定性指标富有内涵，但需要评价专家对研究对象有较为深刻的认识；定量指标指向性明确，易于统计，但数据统计困难。因此，在评价指标体系的构建过程中，要将定量指标与定性指标相结合，使得评价结果更真实可靠（表4-7）。

装配式建筑发展水平评价指标汇总　　表 4-7

评价指标	性质
成本效益水平	定性
经济贡献力水平	定量
科研经费投入水平	定量
从业人员水平	定量+定性
产业化企业的市场占有水平	定量
产业链结构科学化水平	定性
施工组织与管理科学化水平	定性
发展协同水平	定性
政府对装配式建筑的支持力度	定性
信息化管理程度	定量+定性
设计标准化程度	定性
构配件和部品生产工厂化水平	定量
施工装配化水平	定性
建筑部品与构件产品认证制度	定性
资源优化配置程度	定性
绿色节能水平	定性

三、评价指标分类

装配式建筑可持续发展的水平受多方面影响因素的制约，这些影响因素所构成的评价指标体系是连接可持续发展理论和实践的中间必须环节。评价指标体系的构建可以是多角度的，无论是环境资源层面、技术层面还是社会层面等，都蕴含着影响装配式建筑可持续发展的影响因素。

装配式建筑可持续发展的内涵主要包括经济、社会、技术、资源和环境的协调发展。基于可持续发展理论，研究者按照可持续发展的内涵将研究对象的影响因素划分为“能源—经济—环境（EEE）”“人口—资源—环境—经济（PREE）”和“经济—环境—资源—社会（EERS）”等几个层面。对我国装配式建筑发展可持续性的考察主要包括以下两个方面：一方面，需要分析装配式建筑发展对区域发展的影响，重点关注装配式建筑是否能促进各地经济、环境、资源等方面的可持续发展；另一方面，需要关注装配式建筑发展给建筑业带来的经济、社会、技术创新等效益。因此，本研究将装配式建筑可持续发展指标分为经济、社会、技术创新和环境资源四类。分类结果如表4-8所示。

优化后的指标　　　　表4-8

目标层	准则层	指标层
装配式建筑发展水平（A）	经济（B_1）	成本效益水平（C_{11}）
		经济贡献力水平（C_{12}）
		科研经费投入水平（C_{13}）
	社会（B_2）	从业人员水平（C_{21}）
		产业化企业的市场占有水平（C_{22}）
		产业链结构科学化水平（C_{23}）
		施工组织与管理科学化水平（C_{24}）
		发展协同水平（C_{25}）
		政府对装配式建筑的支持力度（C_{26}）
	技术创新（B_3）	信息化管理程度（C_{31}）
		设计标准化程度（C_{32}）
		构配件和部品生产工厂化水平（C_{33}）
		施工装配化水平（C_{34}）
		建筑部品与构件产品认证制度（C_{35}）
	环境资源（B_4）	资源优化配置程度（C_{41}）
		绿色节能水平（C_{42}）

四、装配式建筑发展水平评价指标体系的含义

（一）经济类指标含义

经济发展能够提高公众生活质量并促进社会进步。由于“经济基础决定上层建筑”，因此，在装配式建筑可持续发展的研究中，经济层面的指标是影响发展水平的重要因素，包括成本效益水平、经济贡献力水平和科研经费投入水平。

成本效益水平：成本效益水平是指与传统建设项目相比，装配式建筑项目在全生命周期内除去成本后的净收益增加水平。虽然在装配式建筑发展初期，成本效益不明显，但随着建筑产业链的不断完善，装配式建筑的经济效益日益显著，发展水平也会逐步提升。

经济贡献力水平：经济贡献是一种综合性的经济发展理念，它反映的是装配式建筑的发展对区域内资源合理利用的程度，不仅反映在经济指标上，还要综合考虑社会经济效益和地区性的生态效益，主要表现在区域装配式建筑生产力布局的科学性和经济效益。

科研经费投入水平：科研经费的投入水平可以反映一个地区对装配式建筑的

重视程度。装配式建筑作为未来建筑业的发展方向，在产业发展过程中需要技术创新提高生产效率、逐步实现“零排放”生产，使装配式建筑能够发挥最大的综合效益。科研经费的投入水平主要体现在装配式建筑发展投入的科研经费占国家科研投入总经费的比例。

（二）社会类指标含义

社会可持续发展的本质是“以人为本”，其终极目标是促进人类社会的进步。本研究所指的社会层面为装配式建筑可持续发展中对装配式建筑相关产业的带动情况以及劳动效率的提高情况。社会层面可持续发展指标包括：从业人员水平、产业化企业的市场占有水平、产业链结构科学化水平、施工组织与管理科学化水平、发展协同水平和政府对装配式建筑的支持力度。

从业人员水平：建筑产业的转型升级，对建筑行业原有的岗位和专业要求发生很大的变化，现场操作转化为车间操作，手工操作转化为现场安装。工地的施工方式和工序也发生了巨大的变化，原来的建筑工人需要转化为技术工人，对行业领域内的高端人才提出了新的要求，因此需要对从事研发、设计、项目管理、监理、造价、质检、安检、施工、材料全产业链的人员进行培训与升级。产业从业人员的规模、技术水平和培养机制的发展程度是评价从业人员水平的标准。

产业化企业的市场占有水平：主要指装配式建筑相关企业在建筑领域中所占的比例，是表示装配式建筑企业所占行业份额的指标。

产业链结构科学化水平：产业链结构的科学化水平包括产业链是否完整、产业链上各相关配套产业的结构是否合理等，产业链结构的科学化水平是衡量装配式建筑发展水平的重要指标之一。

施工组织与管理科学化水平：主要指在装配式建筑发展过程中，组织机构、管理模式、生产方式的适应程度，对装配式建筑的进程是促进，还是阻碍，或者对装配式建筑生产没有太大影响。

发展协同水平：指的是产业链上相关产业的协调性和关联程度，这一指标是实现装配式建筑高速发展的重要指标。具体表现在生产协同、物料协同、信息协同及资金协同等方面，该指标反映的是产业主体之间利益关系的紧密程度。

政府对装配式建筑的支持力度：政府对装配式建筑发展的重视程度对该地装配式建筑的发展起着不可替代的作用。政府对装配式建筑的支持力度很大程度上会影响装配式建筑相关企业的发展积极性，进而影响装配式建筑的发展速度。在衡量政府对装配式建筑的支持力度时，可以分析地方政府出台相关政策的数量和种类，以及政府对装配式建筑发展的资金支持力度。

（三）技术创新类指标含义

技术可持续发展主要体现在资源利用率的提高、建造效率的提升、建筑产品质量的不断进步、建造技术的先进性和建筑市场规模的不断扩大等方面。技术创新层面影响装配式建筑可持续发展层面的指标包括：信息化管理程度、设计标准化程度、构配件和部品生产工厂化水平、施工装配化和建筑部品与构件产品认证制度。

信息化管理程度：信息化管理是采用信息化手段和平台对建设项目进行管理的能力。建立信息化管理平台能够把项目中的信息转化为数学化方式进行表达，便于信息的存储和共享，使得项目参与方都能及时了解项目建设情况，实现项目全过程的把控。信息化管理对项目全生命周期内的所有信息和资源通过信息平台进行协调管理和分配，提高项目管理的效率和质量。

设计标准化程度：设计标准化是实现装配式建筑的前提。设计标准化是指设计过程中采用统一的标准，实现构配件尺寸的通用性。但是，设计标准化并不意味着建筑的趋同化，在装配式建筑发展的过程中还要满足客户对建筑产品的个性化需求。设计标准化程度越高，构配件的通用性越高，进而有利于提高生产效率，降低建设成本。

构配件和部品生产工厂化水平：构配件和部品生产工厂化是推进装配式建筑发展的重要内容之一。构配件和部品生产工厂化要求构配件和部品生产在工厂和车间进行，构配件和部品的通用性是提高设计标准化的基础，只有构配件和部品生产工厂化水平不断提高，才能促进设计标准化的提高。构配件和部品生产工厂化水平是指构配件和部品生产的种类和数量满足装配式建筑发展需求的程度。构配件和部品生产工厂化程度越高，装配式建筑发展水平越高。

施工装配化水平：施工装配化是指在项目施工过程中采用机械化装配、信息化管理，并代替现场人工建造。施工装配化程度越高，产业工人需求量越少，项目人力成本越少。装配化程度的提高能更好地促进工业化生产方式的发展。

建筑部品与构件产品认证制度：建筑部品与构配件的认证制度是保障装配式建筑有序发展的必要前提。建筑部品与构件产品认证是指对建筑部品、构配件是否符合国家、行业标准或国际标准进行的评定活动。建筑部品与构件产品认证制度的完善程度、产品认证过程对质量的把控程度体现了建筑部品与构件产品认证制度的发展水平。

（四）环境资源类指标含义

资源优化配置程度：指对装配式建筑发展中相关的人力、资金、物料和信息的协调配合能力。随着装配式建筑发展的不断深入，产业协调能力和产业链一体化程度会逐步加深，进而促进资源配置效率越来越高。该指标与装配式建筑发展水平呈正相关。

绿色节能水平：装配式建筑的生产方式是工厂化生产，可以降低现场施工造成的粉尘污染；管理方式采用信息化管理，减少了由于管理效率低带来的资源浪费；而且预制构配件属于可回收利用的建筑材料，极大地提高了自然资源的利用率。

第五节　装配式建筑可持续发展评价指标权重的确定与评价方法的选择

一、指标权重确定方法

能直接影响装配式建筑发展水平评价结果的是评价指标和评价模型，而模型中指标权重的确定又是综合评价模型的重点，对此，指标权重确定的合理科学性将会影响评价结果的准确性。不同的权重会得出不同的评价结果。保证指标权重分配合理就需要采用一套行之有效的权重确定方法。评价指标权重确定的方法主要有主观赋权法、客观赋权法和组合赋权法。

（一）主观赋权法

主观赋权法是以定性的方式结合专家经验进行判断，并进行打分求解，这种方式简单易行，操作方便，但其决策结果带有较强的主观意愿，随意性较强，受人为因素的干扰大，那么结果准确性就难以令人信服。典型的主观赋权法有层次分析法、综合评分法、模糊评价法、指数加权法和功效系数法等。主观赋权法依据的是决策者（专家）的学识、看待问题的透彻程度、政策经验等，其操作过程中不受评价因子数字特征的过多限制，忽视了评价指标之间相互影响的关系。当评价指标层次结构体系复杂时，会对决策者的能力提出更高的要求，且权重赋值精确度会受到不同程度的质疑。在分析装配式建筑区域发展水平过程中，若随着时间的推移，装配式建筑区域发展水平的样本数据较少，没有形成数据之间的内在规律，这时就需要依赖专家的经验估计，采用主观赋权法。

（二）客观赋权法

客观赋权法是运用一定的数据理论依据，根据评价指标对应的原始数据之间的关系，从而求解出权重的定量分析方法。主要有熵权法、主成分分析法、离差及均方差和变异系数法等。这种赋权方法的特点是计算演绎过程缜密，逻辑推理比较严谨，不必依赖于决策者的主观判断，科学理论性较强。但正是由于其过分依赖获得的原始数据之间的内在关系，缺乏主观经验知识，结果可能得出与实际情况相悖的权重值。当装配式建筑数量不断积累，可以从大量指标数据中找出内在规律，并求得权重系数时，即可选择客观赋权法。

（三）组合赋权法

组合赋权法是把主观赋权和客观赋权综合集成于一体的综合赋权方法。这种方法可以弥补单一赋权法造成的权值偏离正值现象，又可以顾及决策者（专家）的偏好和认知局限。为保证权重确定的合理性和真实性，组合赋权法需要以样本数据为支撑，基于指标数据间的内在规律，结合决策者的经验偏好对指标进行赋权。当前主要的组合赋权方法有：博弈论方法、模糊Borda数分析法、粗糙集理论综合法等。

本书的研究对象为装配式建筑，其发展正处于初级阶段，样本数据之间的内在规律性还不明显，所以优选经验分析法。通过对经验分析法中的各种方法进行对比分析可知，层次分析法在使用过程中会对专家评分结果进行数学方式的处理，以及调查问卷可利用性的检验，使得结果更科学、可信度更高，避免了完全主观评价带来的结果误差；专家打分法得到的结果受到专家打分的影响较大，如果专家打分出现较大差异，会影响最终权重的可信度。

二、指标权重确定过程

（一）层次分析法基本思路和步骤

指标权重的大小用以反映该指标对评价结果的影响程度，科学确定各个指标的权重，是保障评价结果真实有效的重要基础。其中，不同专家对同一事物的理解和认识上的偏差可能会造成评价结果的误差，因此，在评价指标权重确定的过程中，要尽量降低主观因素对评价结果的影响。

确定指标权重的步骤如下：

1.运用层次分析法建立权重判断矩阵

首先运用德尔菲法对各个指标之间的相对重要程度进行打分，通过两两方案之间的对比，确定各个指标的相对重要程度。得出判断矩阵的表现形式如表4-9所示。

矩阵判断形式 表4-9

	A_1	A_2	…	A_n
A_1	a_{11}	a_{12}	…	a_{1n}
A_2	$1/a_{12}$	a_{22}	…	a_{2n}
⋮	⋮	⋮	⋮	⋮
A_n	$1/a_{1n}$	$1/a_{2n}$	…	a_{nn}

2.权重的计算

（1）求矩阵的特征向量W，使其满足$\sum_{i=1}^{n} W=1$；

（2）计算$\overline{W_l}=\sqrt[n]{A_i}=\sqrt[n]{\prod a_{ij}}$；

（3）求$W_l=\overline{W_l}\Big/\sum\overline{W_l}$，使得$\overline{W_l}$正规化；

（4）求最大特征根，$\lambda_{\max}=\sum\frac{(AW)_i}{nW_i}$。

3.一致性检验

一致性检验的目的是为了检验专家的打分是否在误差允许的范围内，只有通过了一致性检验，才能进行下一步计算。

（1）计算一致性指标CI，$CI=(\lambda_{\max}-n)/(n-1)$；

（2）计算一致性比例CR，$CR=CI/RI$，其中RI的取值如表4-10所示。

RI取值表 表4-10

矩阵阶数	1	2	3	4	5	6	7	8
RI	0	0	0.58	0.9	1.12	1.24	1.36	1.41

若$CR<0.1$，表示专家打分在误差允许范围内，否则需要重新打分。

4.组合权重计算

计算系统组合权重向量：$U=W\cdot V$

（二）层次分析法确定权重

在确定各指标所占的权重时，为使结果更加科学，本研究查阅了大量的研究文献，发现在运用层次分析法确定指标权重时，需要咨询的专家数量为1～10。咨询专家数量和分布的确定是保证权重结果科学的基础，专家数量过少或者分布过于集中会造成结果主观性太强；专家数量过多会增加工作量，因此本研究经过权衡，选择了五位专家，分别是两位北方工业大学装配式建筑领域的专家、一位是住房和城乡建设部科技与产业发展中心工作人员、两位装配式建筑领域资深从业人员。

受篇幅限制，本节仅详细分析其中一位专家的指标权重确定过程。

1.计算准则层 B，判断矩阵和特征向量

$$B=\begin{pmatrix} 1 & 2 & 1 & 2 \\ 1/2 & 1 & 1 & 1/2 \\ 1 & 1 & 1 & 1/2 \\ 1/2 & 2 & 2 & 1 \end{pmatrix}$$

特征向量集 W=[0.3417，0.1646，0.2063，0.2875]；

判断矩阵的最大特征根 $\lambda_{max}=4.1850$；

一致性比例 $CR=0.0693<0.1$；

通过一致性检验。

2.指标层判断矩阵及其特征向量

(1) 准则层 B_1 中，指标层判断矩阵 C_1：

$$C_1=\begin{pmatrix} 1 & 1/2 & 2 \\ 2 & 1 & 2 \\ 1/2 & 1/2 & 1 \end{pmatrix}$$

特征向量集 W_1=[0.3119，0.4905，0.1976]；

判断矩阵的最大特征根 $\lambda_{max}=3.0537$；

一致性比例 $CR=0.0517<0.1$；

通过一致性检验。

(2) 准则层 B_2 中，指标层判断矩阵 C_2：

$$C_2=\begin{pmatrix} 1 & 2 & 1/2 & 1/2 & 1/2 & 1/2 \\ 1/2 & 1 & 1/3 & 1/2 & 1/3 & 1/2 \\ 2 & 3 & 1 & 3 & 1 & 3 \\ 2 & 2 & 1/3 & 1 & 1/2 & 2 \\ 2 & 3 & 1 & 2 & 1 & 3 \\ 2 & 2 & 1/3 & 1/2 & 1/3 & 1 \end{pmatrix}$$

特征向量集 W_2=[0.1092，0.0721，0.2833，0.1649，0.2611，0.1195]；

判断矩阵 C_2 的最大特征值 $\lambda_{max}=6.2425$；

一致性比例 $CR=0.0385<0.1$；

通过一致性检验。

(3) 准则层 B_3 中，指标层判断矩阵 C_3：

$$C_3=\begin{pmatrix} 1 & 3 & 2 & 2 & 3 \\ 1/3 & 1 & 1/2 & 3 & 1 \\ 1/2 & 2 & 1 & 1 & 2 \\ 1/2 & 1 & 1 & 1 & 2 \\ 1/3 & 1 & 1/2 & 1/2 & 1 \end{pmatrix}$$

特征向量集 W_3=[0.3694，0.1286，0.2083，0.1833，0.1104]；

判断矩阵 C_3 的最大特征值 $\lambda_{max}=5.0555$；

一致性比例 $CR=0.0124<0.1$；

通过一致性检验。

(4) 准则层 B_4 中，指标层判断矩阵 C_4：

$$C_4=\begin{pmatrix} 1 & 1/2 \\ 2 & 1 \end{pmatrix}$$

特征向量集 W_4=[0.3333，0.6667]；

判断矩阵 C_4 的最大特征值 $\lambda_{max}=2.000$；

一致性比例 $CR=0.0000<0.1$；

通过一致性检验。

3.组合权重计算

$$U=\begin{pmatrix} 0.3119 & & & \\ 0.4905 & & & \\ 0.1976 & & & \\ & 0.1092 & & \\ & 0.0721 & & \\ & 0.2833 & & \\ & 0.1549 & & \\ & 0.2611 & & \\ & 0.1195 & & \\ & & 0.3694 & \\ & & 0.1286 & \\ & & 0.2086 & \\ & & 0.1833 & \\ & & 0.1104 & \\ & & & 0.3333 \\ & & & 0.6667 \end{pmatrix} * \begin{pmatrix} 0.3417 \\ 0.2875 \\ 0.2063 \\ 0.1646 \end{pmatrix} = \begin{pmatrix} 0.1066 \\ 0.1676 \\ 0.0675 \\ 0.0180 \\ 0.0119 \\ 0.0466 \\ 0.0255 \\ 0.0430 \\ 0.0197 \\ 0.0762 \\ 0.0265 \\ 0.0430 \\ 0.0378 \\ 0.0228 \\ 0.0958 \\ 0.1017 \end{pmatrix}$$

指标权重如表4-11所示。

各评价指标权重　　表4-11

目标层	准则层	权重	指标层	层内权重	总权重
装配式建筑发展水平（A）	经济（B_1）	0.3417	成本效益水平（C_{11}）	0.3119	0.1066
			经济贡献力水平（C_{12}）	0.4905	0.1676
			科研经费投入水平（C_{13}）	0.1976	0.0675
	社会（B_2）	0.2875	从业人员水平（C_{21}）	0.1092	0.0180
			产业化企业的市场占有水平（C_{22}）	0.0721	0.0119
			产业链结构科学化水平（C_{23}）	0.2833	0.0466
			施工组织与管理科学化水平（C_{24}）	0.1549	0.0255
			发展协同水平（C_{25}）	0.2611	0.0430
			政府对装配式建筑的支持力度（C_{26}）	0.1195	0.0197
	技术创新（B_3）	0.2063	信息化管理程度（C_{31}）	0.3694	0.0762
			设计标准化程度（C_{32}）	0.1286	0.0265
			构配件和部品生产工厂化水平（C_{33}）	0.2083	0.0430
			施工装配化水平（C_{34}）	0.1833	0.0378
			建筑部品与构件产品认证制度（C_{35}）	0.1104	0.0228
	环境资源（B_4）	0.1646	资源优化配置程度（C_{41}）	0.333	0.0958
			绿色节能水平（C_{42}）	0.667	0.1917

上述分析为其中一位专家的层次分析过程，通过对所有专家的评分结果进行分析，计算各个指标的权重，并进行一致性检验，发现其中一位专家的打分没有通过一致性检验，为此要求该专家重新打分并计算结果。最终各个指标权重的计算结果如表4-12所示。

最终指标权重分析结果　　表4-12

目标层	准则层	权重	指标层	层内权重	总权重
装配式建筑发展水平（A）	经济（B_1）	0.3303	成本效益水平（C_{11}）	0.3299	0.09876
			经济贡献力水平（C_{12}）	0.4938	0.16311
			科研经费投入水平（C_{13}）	0.2072	0.06843
	社会（B_2）	0.1594	从业人员水平（C_{21}）	0.1092	0.0174
			产业化企业的市场占有水平（C_{22}）	0.0721	0.01149
			产业链结构科学化水平（C_{23}）	0.2833	0.04456
			施工组织与管理科学化水平（C_{24}）	0.1553	0.0248
			发展协同水平（C_{25}）	0.2556	0.0407
			政府对装配式建筑的支持力度（C_{26}）	0.1212	0.01973

续表

目标层	准则层	权重	指标层	层内权重	总权重
装配式建筑发展水平（A）	技术创新（B_3）	0.2128	信息化管理程度（C_{31}）	0.3681	0.0783
			设计标准化程度（C_{32}）	0.1094	0.02328
			构配件和部品生产工厂化水平（C_{33}）	0.2121	0.04514
			施工装配化水平（C_{34}）	0.201	0.04277
			建筑部品与构件产品认证制度（C_{35}）	0.1094	0.02328
	环境资源（B_4）	0.2975	资源优化配置程度（C_{41}）	0.3975	0.1183
			绿色节能水平（C_{42}）	0.6025	0.1792

三、综合评价方法选择

在第二节评价方法的介绍中可知，模糊综合评价大多应用于指标内涵确定、外延不明的研究中，而灰色综合评价法更多的是用于信息外延确定和部分内部信息未知的研究；模糊综合评价法更适合数据样本量大的研究，而灰色综合评价法对样本数量没有明确的要求。

基于对装配式建筑发展水平评价特点的研究以及对两种评价方法的对比，本研究数据主要来源于专家打分，避免因专家经验不足造成的信息不准确，因此样本数量不会太大；而且每个指标都具有明确的外延，更有可能会出现的是部分信息未知。因此，灰色综合评价法更适宜用于分析装配式建筑发展水平。

本研究在采用灰色综合评价时，各指标之间的关联关系不明确，因此更适宜采用基于白化权函数的灰色综合评价法。

（一）装配式建筑发展水平的评价等级标准

建立合理可行的评价标准是保证评价结果科学有效的重要前提，只有采用科学、可量化、适用的评价标准才能反映装配式建筑的真实水平。

本书在对各个指标的内涵进行解释后，通过阅读大量关于评价指标体系的文献，查看相关统计年鉴，总结从事装配式建筑相关专业人员的工作经验，最终确定了评价指标标准，将装配式建筑发展水平划分为低水平、较低水平、中等水平、较高水平、高水平5个等级，并确定相应的得分区间，分别为[1，2)、[2，3)、[3，4)、[4，5)、[5，∞)，结果如表4-13所示。

评价等级标准

表 4-13

一级指标	二级指标	衡量内容	指标评价标准分值				
			[1，2)	[2，3)	[3，4)	[4，5)	[5，∞)
经济层面	成本效益水平	与传统建设项目相比，装配式建筑项目在全寿命周期内除去成本后的净收益增加水平	远低于	略远低于	两者相似	略高于	远高于
	经济贡献力水平	建筑产业产值/区域GDP总值	0～10%	10%～20%	20%～30%	30%～50%	大于50%
	科研经费投入水平	装配式建筑发展投入的科研经费占国家科研投入总经费的比例	很低	较低	中等	较高	很高
社会层面	从业人员水平	产业化从业人员的规模占比40%（产业化从业人员数量/建筑业从业人员数量）	0～20%	20%～40%	40%～60%	60%～80%	80%～100%
		产业工人技术熟练程度占比60%	完全不熟练	较不熟练	一般熟练	较熟练	很熟练
	产业化企业的市场占有水平	装配式建筑相关企业在建筑领域中所占的比例	0～10%	10%～30%	30%～50%	50%～70%	70%～100%
	产业链结构科学化水平	定性产业链长短（产业链包括技术研发、技术咨询、规划设计、工厂化生产、构配件运输、现场装配施工、室内外装修、市场销售、物业管理、建筑垃圾处理的阶段），即相关配套产业的完善程度	很不完善	较不完善	中等	较为完善	很完善
	施工组织与管理科学化水平	装配式建筑发展过程中组织机构与管理模式与生产方式的适应程度	完全不相适应	较不适应	中等	较为适应	完全适应
	发展协同水平	各地之间相互协调与协作程度	完全无关	较协同	中等	较为紧密	完全协同
	政府对装配式建筑的支持力度	定性政府出台的各种优惠政策适应当地装配式建筑发展需求的程度	完全无法适应	较低程度适应	一般	较大程度适应	完全适应

续表

一级指标	二级指标	衡量内容	指标评价标准分值				
			[1，2)	[2，3)	[3，4)	[4，5)	[5，∞)
技术创新	信息化管理程度	信息化技术使用跨度/全生命周期跨度的比值	0～5%	5%～20%	20%～50%	50%～70%	70%～100%
		建筑企业采用现代化信息手段管理工业化建筑的水平	效果很差	效果较差	效果一般	效果较好	效果很好
	设计标准化程度	装配式建筑能够采用的标准和模式进行设计的水平	很低	较低	中等	较高	很高
	构配件和部品生产工厂化水平	构配件和部品种类（40%）	0～1	1～2	2～3	3～4	4～5
		装配式建筑建设过程中采用预制部品构件的程度和水平（60%）(预制率）	0～20%	20%～40%	40%～60%	60%～80%	80%～100%
	施工装配化水平	装配化施工在整个项目施工过程中所占的比重	很低	较低	中等	较高	很高
	建筑部品与构件产品认证制度	产品认证过程对质量的把控程度	很低	较低	中等	较高	很高
环境资源	资源优化配置程度	资源合理配置、资源节约程度	几乎无	变化很小	变化较少	变化较多	变化很多
	绿色节能水平	对环境和能源的影响程度（节水、节材、节地产生的效益/建筑面积）	几乎无	变化很小	变化较少	变化较多	变化很多

（二）灰色综合评价过程

基于白化权函数的灰色综合评价步骤包括：

1.通过调查问卷的形式对各个指标的发展水平进行打分，确定评价矩阵*B*：

$$B=\begin{bmatrix} b_{111} & b_{112} & \cdots & b_{11n} \\ b_{121} & b_{122} & \cdots & b_{12n} \\ b_{131} & b_{132} & \cdots & b_{13n} \\ b_{211} & b_{212} & \cdots & b_{21n} \\ b_{221} & b_{222} & \cdots & b_{22n} \\ b_{231} & b_{232} & \cdots & b_{23n} \\ b_{241} & b_{242} & \cdots & b_{24n} \\ b_{251} & b_{252} & \cdots & b_{25n} \\ b_{261} & b_{262} & \cdots & b_{26n} \\ b_{311} & b_{312} & \cdots & b_{31n} \\ b_{321} & b_{322} & \cdots & b_{32n} \\ b_{331} & b_{332} & \cdots & b_{33n} \\ b_{341} & b_{342} & \cdots & b_{34n} \\ b_{351} & b_{352} & \cdots & b_{35n} \\ b_{411} & b_{412} & \cdots & b_{41n} \\ b_{421} & b_{422} & \cdots & b_{42n} \end{bmatrix}$$

2.确定评价灰类

每位专家对装配式建筑发展水平指标的评价都是以自身对研究对象的认知程度为基础，得到的只是一个灰数的白化值。为了能够准确反映指标的发展程度，需要确定评价灰类的等级数。对装配式建筑发展水平进行等级划分，分别为“高水平”“较高水平”“中等水平”“较低水平”和“低水平”五个等级，对应于白化权函数的白化灰类为e=1、2、3、4、5。由每一灰类对应的白化权函数分别为：

（1）第一灰类为“高水平”（即e=1），灰数为$\otimes_1 \in (5,\infty)$，其白化权函数图像如图4-1所示。

$$f_1(b_{ijk})=\begin{cases} \dfrac{b_{ijk}}{5}, b_{ijk} \in [0,5] \\ 1, b_{ijk} \in [5,\infty] \\ 0, b_{ijk} \in [-\infty,0] \end{cases}$$

（2）第二灰类为“较高水平”（即e=2），灰数为$\otimes_2 \in [0,4,8]$，其白化权函数图像如图4-2所示。

$$f_2(b_{ijk})=\begin{cases}\dfrac{b_{ijk}}{4}, b_{ijk}\in[0,4]\\ 2-\dfrac{1}{4}b_{ijk}, b_{ijk}\in[4,8]\\ 0, b_{ijk}\notin[0,8]\end{cases}$$

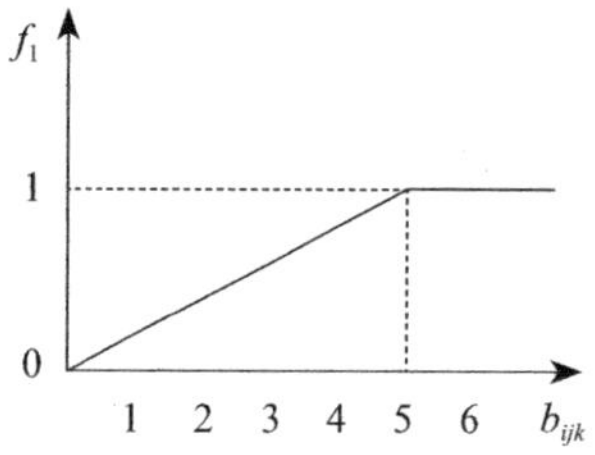

图4-1

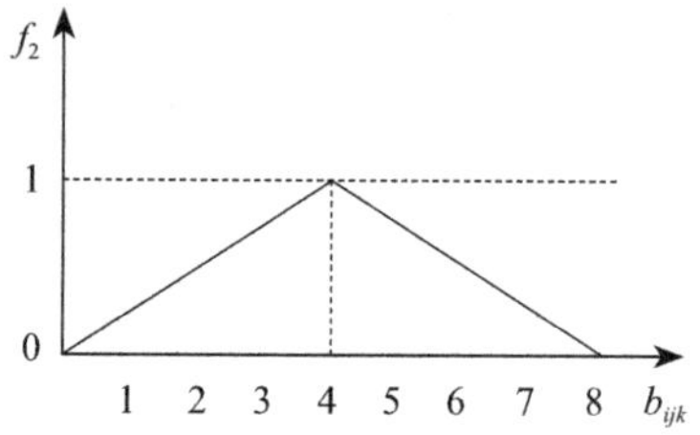

图4-2

（3）第三灰类为“中等水平”（即e=3），灰数为$\otimes_2 \in [0,3,6]$，其白化权函数图像如图4-3所示。

$$f_3(b_{ijk})=\begin{cases}\dfrac{b_{ijk}}{3}, b_{ijk}\in[0,3]\\ 2-\dfrac{1}{3}b_{ijk}, b_{ijk}\in[3,6]\\ 0, b_{ijk}\notin[0,6]\end{cases}$$

（4）第四灰类为“较低水平”（即e=4），灰数为$\otimes_2 \in [0,2,4]$，其白化权函数图像如图4-4所示。

$$f_4(b_{ijk})=\begin{cases}\dfrac{b_{ijk}}{2}, b_{ijk}\in[0,2]\\ 2-\dfrac{1}{2}b_{ijk}, b_{ijk}\in[2,4]\\ 0, b_{ijk}\notin[0,4]\end{cases}$$

（5）第五灰类为“低水平”（即e=5），灰数为$\otimes_2 \in [0,1,2]$，其白化权函数图像如图4-5所示。

$$f_5(b_{ijk})=\begin{cases}1, b_{ijk}\in[0,1]\\2-b_{ijk}, b_{ijk}\in[1,2]\\0, b_{ijk}\notin[0,2]\end{cases}$$

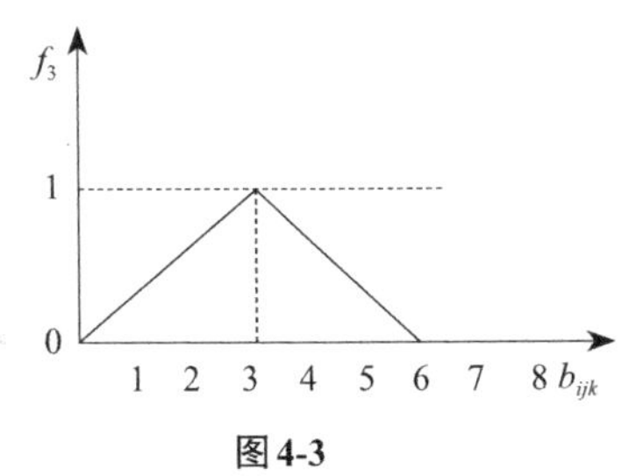

图4-3

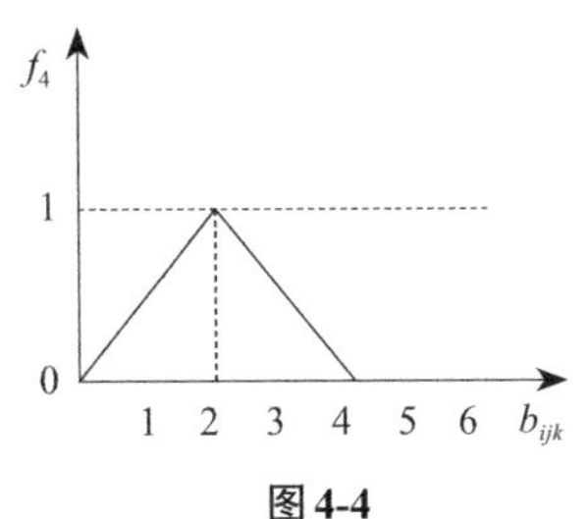

图4-4

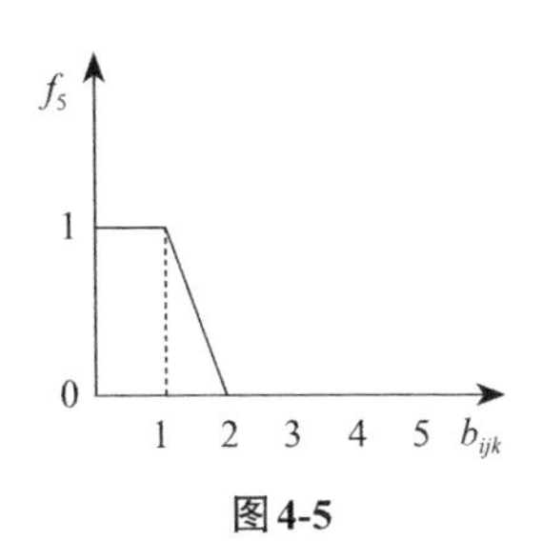

图4-5

3.根据确定的级别，确定每个指标层指标的灰色评价权

首先计算成本效益水平（C_{11}）的灰色评价权。

当e=1时，$x_{111}=\sum_{k=1}^{n}f_1(b_{11k})=f_1(b_{111})+f_1(b_{112})+\cdots+f_1(b_{11n})$；

当e=2时，$x_{112}=\sum_{k=1}^{n}f_2(b_{11k})=f_2(b_{111})+f_2(b_{112})+\cdots+f_2(b_{11n})$；

当e=3时，$x_{113}=\sum_{k=1}^{n}f_3(b_{11k})=f_3(b_{111})+f_3(b_{112})+\cdots+f_3(b_{11n})$；

当e=4时，$x_{114}=\sum_{k=1}^{n}f_4(b_{11k})=f_4(b_{111})+f_4(b_{112})+\cdots+f_4(b_{11n})$；

当e=5时，$x_{115}=\sum_{k=1}^{n}f_5(b_{11k})=f_5(b_{111})+f_5(b_{112})+\cdots+f_5(b_{11n})$。

C_{11}属于各个评价灰类的总白化权记为x_{11}。

$$x_{11}=\sum_{e=1}^{5}\sum_{k=1}^{n}f_e(b_{11k})=x_{111}+x_{112}+x_{113}+x_{114}+x_{115}$$

C_{11}属于第e灰类的灰色评价权。

当e=1时，$r_{111}=\frac{x_{111}}{x_{11}}$；

当e=2时，$r_{112}=\frac{x_{112}}{x_{11}}$；

当e=3时，$r_{113}=\frac{x_{113}}{x_{11}}$；

当e=4时，$r_{114}=\frac{x_{114}}{x_{11}}$；

当e=5时，$r_{115}=\frac{x_{115}}{x_{11}}$。

则 C_{11} 对于各个灰类的灰色评价权向量为：$r_{11}=(r_{111}, r_{112}, r_{113}, r_{114}, r_{115})$。

依照 C_{11} 灰色评价权向量计算过程，同理可计算出所有指标层指标的灰色评价权向量，构成灰色评价权矩阵。

4.对一级指标作灰色综合评价

对 B_1、B_2、B_3、B_4 进行灰色综合评价，计算评价矩阵如下。

$$R_1=\begin{bmatrix} r_{11} \\ r_{12} \\ r_{13} \end{bmatrix} \quad R_2=\begin{bmatrix} r_{21} \\ r_{22} \\ r_{23} \\ r_{24} \\ r_{25} \\ r_{26} \end{bmatrix} \quad R_3=\begin{bmatrix} r_{31} \\ r_{32} \\ r_{33} \\ r_{34} \\ r_{35} \end{bmatrix} \quad R_4=\begin{bmatrix} r_{41} \\ r_{42} \end{bmatrix}$$

现在分别对一级指标 B_1、B_2、B_3、B_4 做综合评价，B_1、B_2、B_3、B_4 的权向量分别为：

$Q_1=(q_{11},\ q_{12},\ q_{13})$；

$Q_2=(q_{21},\ q_{22},\ q_{23},\ q_{24},\ q_{25},\ q_{26})$；

$Q_3=(q_{31},\ q_{32},\ q_{33},\ q_{34},\ q_{35})$；

$Q_4=(q_{41},\ q_{42})$。

得到 B_1、B_2、B_3、B_4 的灰色评价权向量如下：

$B_1=Q_1 \times R_1$；$B_2=Q_2 \times R_2$；$B_3=Q_3 \times R_3$；$B_4=Q_4 \times R_4$。

于是装配式建筑发展水平 A 的灰色综合评价权矩阵为：

$$R=\begin{bmatrix} B_1 \\ B_2 \\ B_3 \\ B_4 \end{bmatrix}$$

根据最大隶属度的原则，可以得到 B_1、B_2、B_3、B_4 的所属发展水平。

5.对装配式建筑发展水平作综合评价

装配式建筑发展水平 A 权向量为 $Q=(Q_1,\ Q_2,\ Q_3,\ Q_4)$，所以装配式建筑发展水平的灰色综合评价权向量为 $C=Q \cdot R$。

第五章

京津冀地区装配式建筑发展现状与评价

2020年装配式建筑政策及要点

- 《住房和城乡建设部标准定额司关于开展2019年度装配式建筑发展情况统计工作的通知》（建司局函标〔2020〕17号）提出：重点统计2019年度各地发展装配式建筑情况，包括装配式建筑组织机构建设情况、政策措施及目标任务情况、标准规范编制情况、项目落实情况、技术体系情况、生产产能情况、示范城市和产业基地情况，以及存在的问题和工作建议。
- 《住房和城乡建设部办公厅关于组织申报2020年科学技术计划项目的通知》（建办标函〔2020〕185号）提出：将装配式建筑列入2020年科学技术计划项目。
- 《人力资源社会保障部办公厅　市场监管总局办公厅　统计局办公室关于发布智能制造工程技术人员等职业信息的通知》（人社厅发〔2020〕17号）提出：将装配式建筑施工员纳入人社部新职业。

2014～2018年，我国新建装配式建筑面积每年均保持24%以上的增速，到2018年，我国新建装配式建筑面积已经达到1.9亿m^2。近年来，国家对建筑行业未来的发展提出了更高要求，可以预见未来装配式建筑行业拥有很大的发展潜力。

第一节　京津冀地区装配式建筑发展现状

自《京津冀协同发展规划》实施以来，北京市、天津市和河北省的协同发展机制越来越完善，在科技创新、资源共享和人才培养等方面的协同度越来越高。随着京津冀协同发展战略的不断深入，各地进一步践行生态优先、绿色发展理念，京津冀装配式建筑将实现新的突破，成为发展装配式建筑的主要区域之一。

通过对京津冀地区三地装配式建筑发展的实地调研，以及对天津住宅建设集团有限公司（简称“天津住宅集团”）、北京城建集团有限责任公司（简称“城建集团”）等企业的实地考察，从经济层面、社会层面、技术创新层面、环境资源层面四个方面对京津冀地区装配式建筑发展情况进行了总结。

（1）经济层面的发展情况。通过对京津冀地区三地典型项目的建设情况分析，得出京津冀地区装配式建筑造价每平方米比传统建筑高出约250～350元。因此，京津冀三地政府对装配式建筑发展出台了一系列的鼓励政策，而且每年都会投入大量的经费用于装配式建筑的技术研究和项目补贴。如北京对符合条件的装配式建筑项目奖励180元/m^2，单个项目奖励资金高达2500万元。

（2）社会层面的发展情况。据统计，2017～2019年，北京市新建装配式建筑面积分别为449万m^2、1377万m^2和1413万m^2，占全市新建房屋建筑面积的比例分别为15%、29%和26.9%，在从业人员水平方面，北京通过组织装配式灌浆工和吊装工培训考核、举办北京市装配式职业技能竞赛、组织装配式公益讲座等方式，加大装配式建筑人才培养力度。近年来，天津市稳步推进装配式建筑发展，2017年起，天津市通过多个试点项目将预制装配率从30%、45%、65%提升到80%，同时实现了钢筋混凝土结构、钢结构、木结构等结构形式的装配式建筑全覆盖。目前，天津已有预制部品部件生产厂家25家，其中用于混凝土结构建筑的预制部品部件设计产能为100万 m^3，用于钢结构建筑的部品部件设计产能30万t。河北省在装配式建筑方面的探索起步较早，相关文件在2015年就已出台，现已有14家企业被住房和城乡建设部列为装配式建筑产业基地。为大力推广装配式建筑，提升装配式建筑专业技术人才及产业工人技术水平，河北省在2019年8月组织了“第一期装配式建筑产业工人培训”，着重培养装配式建筑方面的人才。

（3）技术创新层面的发展情况。京津冀地区的装配式建筑基地，都是由生产规模和技术开发能力处于全国领先水平的项目开发企业、预制构配件生产企业和科研机构联合形成的产业联盟。为促进信息化技术更好地被应用和认可，促进建筑信息模型技术（BIM）的应用，北京市出台了《民用建筑信息模型设计标准》DB11/T 1069—2014，天津市出台了《天津市民用建筑信息模型（BIM）设计技术导则》。在建筑质量管控方面，住房和城乡建设部技术与产业化发展中心牵头开发了“质量追溯系统”，建立装配式建筑全产业链数据库，推动物与人、物与物的互联，实现质量溯源和统计分析。

（4）环境资源层面的发展情况。通过对北京首个住宅产业化示范工程建设全过程跟踪调研发现，该工程总工期比传统模式缩短近三个月，在环境资源层面，钢材废弃量相对于传统建筑项目减少40.6%，木材废弃量减少52.3%，同时，减少了19.3%的水资源用量和2.9%的耗电量。

一、北京市装配式建筑发展现状

北京是国内较早推广装配式建筑的城市之一，自2017年9月被列为首批国家装配式建筑示范城市后，在推动装配式建筑发展方面的力度很大，取得了一些成绩。截至2020年，北京已有28家企业被列为国家装配式建筑产业基地，涵盖了设计、生产、施工、科研等各个领域。北京市推动装配式建筑发展方面的经验做法较多，具体包括九个方面。

（1）完善政策体系，持续稳步推进

2017年2月，北京市人民政府办公厅印发的《关于加快发展装配式建筑的实施意见》(以下简称《实施意见》)，明确到2020年要实现装配式建筑占比达到30%以上的目标。之后，《北京市发展装配式建筑2017年工作计划》《北京市发展装配式建筑2018—2019年工作要点》《北京市发展装配式建筑2020年工作要点》相继发布，提出2017～2020年装配式建筑占新建建筑面积的比例要分别达到10%以上、20%以上、25%以上和30%以上。

（2）建立发展装配式建筑工作联席会议制度

为大力发展装配式建筑，北京成立了由北京市住房和城乡建设委员会、规划和自然资源委员会、发展和改革委员会、财政局等部门组成的联席会议办公室，由副市长担任联席会议总召集人，定期召开联席会议，细化责任分工，将发展装配式建筑要求落实到项目规划审批、土地供应、项目立项、施工图审查等各个环节。

（3）不断完善标准和技术规范

近年来，北京发布并实施了《居住建筑室内装配式装修工程技术规程》《北京市保障性住房预制装配式构件标准化技术要求》等系列技术文件，以加快提升部品部件的标准化水平。同时还发布了《装配式剪力墙住宅建筑设计规程》《装配式剪力墙结构设计规程》等规程，贯穿于装配式建筑设计、施工、构件生产等全过程。

（4）成立专家委员会，发挥专家智库的技术服务和咨询指导作用

2017年9月，北京市住房和城乡建设委员会等部门共同制定了《北京市装配式建筑专家委员会管理办法》。2018年3月和2020年5月，北京分别发布了第一届和第二届装配式建筑专家委员会委员名单。其中，第二届专家委员会共有200名专家，分为建筑设计、结构设计、钢结构、施工、部品部件、装修、信息化等11个专业类别。

（5）将保障房建设作为重要突破口

《北京城市总体规划（2016—2035年）》提出，新建保障性住房要全面采用装配式建筑。此外，北京还进一步要求，在保障性住房中实施装配式建筑“两个100%”（在保障性住房中全面落实装配式建筑和全装修成品交房要求），鼓励实施装配式装修。

《北京住房和城乡建设发展白皮书（2020）》显示，2019年通过装配式建筑规划设计方案专家评审的保障房项目总面积共约843万m^2。为提升保障房品质，北京还落实样板间和预验房制度，针对群众信访较为关注的窗洞尺寸、部件材料选型、储藏空间等问题，引导开发建设单位在搭建样板间时按照高标准设计、装修，在正式交房1个月前组织现场开放日，邀请购房人检查建筑装修质量，让购房人充分“挑毛病”。

（6）实施全过程管理，保障项目真正落地

为保证落地效果，北京将装配式建筑指标纳入规划条件或土地出让条件，并开展装配式建筑施工图专项审查，确保项目建设符合要求。同时，北京还发布了《北京市装配式建筑项目设计管理办法》《关于加强装配式混凝土建筑工程设计施

工质量全过程管控的通知》《关于明确装配式混凝土结构建筑工程施工现场质量监督工作要点的通知》等，全面加强装配式建筑质量管理工作。

开展装配式建筑项目抽查和部品部件生产企业质量专项检查也是北京市采取的重要举措。2019年和2020年，北京市住房和城乡建设委员会分别发布《关于2017—2018年装配式建筑工作落实情况的通报》和《关于2018—2019年装配式建筑项目建设检查情况的通报》，就部分未严格按照装配式建筑实施范围和标准进行建设、未严格落实装配式建筑实施要求的项目进行了全市、全行业通报。

（7）制定多种奖励政策

从2010年开始，北京即对装配式建筑实施面积奖励政策，对自愿实施产业化建造方式的住宅项目给予不超过规划建筑面积3%的奖励。2017年的《实施意见》则在房屋登记、房屋预售、市场信用评价和评优评奖等方面对装配式建筑给予了政策支持和倾斜。2020年4月，北京市住房和城乡建设委员会等部门又联合发布《北京市装配式建筑、绿色建筑、绿色生态示范区项目市级奖励资金管理暂行办法》，首次对装配式建筑项目给予财政资金奖励，符合要求的项目将获得每平方米180元的奖励资金。

（8）重视装配式建筑人才培养和相关知识的宣传普及

北京从2017年开始开展装配式建筑人才培养工作，例如组织装配式灌浆工和吊装工培训考核、举办北京市装配式职业技能竞赛、组织装配式公益讲座等活动。在装配式建筑的宣传和普及方面，北京通过组织政务开放日活动，邀请人大代表、政协委员、行业专家、市民代表和媒体记者参加“走‘近’装配式建筑，体验新型建造方式”活动。据北京市住房和城乡建设科技促进中心工作人员介绍，2017年至2020年，北京已组织了6期公益讲座和2期全市管理干部培训班，以加强专业人员的培训、提高政府部门管理人员的专业能力，同时开展“送建筑技术到企业”系列活动，不定期组织召开装配式建筑施工现场管理交流会。

（9）转变战略，促进京津冀一体化发展

值得注意的是，近年来北京一直在大力推进非首都功能的疏解工作，一些装配式建筑部品部件生产企业随即被疏散到了其他地区。而部品部件受运输半径的影响较大，这对北京发展装配式建筑可能会产生一定程度影响。鉴于此，今后北京在发展装配式建筑方面不妨站在京津冀协同发展的大格局中考虑，充分发挥好一体化发展的优势，也可以在技术标准、规划布局、部品产能、供应链打造等方面与天津和河北加强合作，实现优势互补。

二、天津市装配式建筑发展现状

2017年，住房和城乡建设部公布的全国第一批装配式建筑示范城市和产业基地名单中，天津市是装配式建筑示范城市之一。天津达因建材有限公司、天津大学建筑设计研究院、天津市建工集团（控股）有限公司、天津市建筑设计研究院有限公司和天津住宅建设发展集团有限公司等单位都被认定为装配式建筑示范产业基地。

近年来，天津市稳步推进装配式建筑发展，相关装配式建筑技术被广泛应用于结构、围护、装修等领域，同时打造了一批可复制可推广的装配式建筑示范项目。整体而言，天津市在发展装配式建筑过程的经验主要包括以下四个方面：

（1）重视装配式建筑建设系统化管理

从2018年1月1日起，依据天津市住房和城乡建设委员会发布的《市建委关于加强装配式建筑建设管理的通知》，该市公共建筑实施装配式建筑范围从5万m^2及以上项目，扩大到全部新建具备条件的项目；中心城区、滨海新区核心区和中新生态城商品住房项目，全部采用装配式建筑建造；其他区域商品住房延续试点示范期目标要求，建筑面积10万m^2及以上（不含地下建筑面积）商品住房采用装配式建筑的比例不低于总面积的30%；实施装配式建筑的保障性住房和商品住房全装修比例达到100%；鼓励具备条件的轨道交通、地下综合管廊和桥梁等市政基础设施项目实施装配式建造。

为促进装配式建筑按上述要求发展，天津市不仅优先支持装配式建筑关键技术研究，而且从建筑面积奖励、财税支持、行业扶持和交通运输保障等多方面予以支持。天津市住房和城乡建设委员会成员表示，天津市对推进装配式建筑、绿色建筑发展已出台了很多政策，连续三年每年拿出4000万财政补贴用于既有建筑的节能改造、装配式建筑的推广应用。

（2）大力发展装配式建筑全产业链

除了大力推动装配式建筑项目落地外，天津市近些年还积极推广应用建筑信息模型（BIM）技术，推动国家级、市级装配式建筑产业基地创建，如静海区创建市级装配式建筑产业示范园，正带动全市装配式建筑全产业链不断向前发展。据统计，截至2020年天津市已拥有7个国家级装配式建筑产业基地，其中天津市现代建筑产业园作为该市第一个国家级装配式建筑产业基地（园区类），可有效辐射京津冀地区，服务雄安新区发展。此外，天津市还拥有约40家具备一定产能的装配式建筑配套企业，这些企业从设计、研发、制作、批量生产到建造已形成一体化发展模式，带动了一系列产业发展。

(3) 尽力做好企业服务

为详细了解企业在装配式建筑项目推动过程中遇到的难点和问题，倾听企业对行业主管部门的服务诉求，天津市绿色建筑促进发展中心近年来多次深入天津达因建材有限公司、中建六局（天津）绿色建筑科技有限公司、中建（天津）工业化建筑工程有限公司、天津中怡建筑规划设计有限公司等驻津企业开展调研，加大对企业的支持力度，及时为企业做大、做强提供优质服务。

同时，天津市绿色建筑促进发展中心与天津建筑业协会还结合装配式建筑的行业特点，开展了“装配式示范工程推动活动”，对装配式建筑示范项目和关键技术进行了一系列调研交流和观摩培训，并在总结和提炼系列观摩和技术交流工作的亮点及技术成果的基础上形成了《天津市装配式建筑施工技术交流成果（2019版）》，为今后的推广应用提供了依据。

(4) 积极服务雄安新区建设

自雄安新区设立以来，天津市依托区位优势和产业基础，在做大做强自身装配式建筑产业的同时，积极主动服务雄安新区工程建设。2019年6月25日，天津装配式建筑产业创新联盟驻雄安办事处挂牌成立，成为集办公洽谈、宣传展示、交流合作于一体的服务雄安新区建设的综合性窗口。2018年，投入大量设备和生产精力发展装配式建筑的天津源泰德润钢管制造集团在雄安新区设立了办事处，并与中国建筑、中国中冶等企业建立了联系。

此外，天津市的钢铁企业也积极加快转型升级，抢抓机遇发展钢结构装配式建筑服务雄安新区。其中，依靠钢铁发家致富的天津市静海区大邱庄镇始终在加紧步伐探索转型之路。

三、河北省装配式建筑发展现状

发展装配式建筑有利于节约资源能源、减少环境污染和提升房屋质量安全水平。河北省在装配式建筑方面的探索起步较早，相关文件在2015年就已出台。此外，根据《河北省装配式建筑“十三五”发展规划》，2020年底前本省要培育2个国家级装配式建筑示范城市。事实上，在住房和城乡建设部2017年公布的第一批装配式建筑示范城市名单中，河北就有石家庄、唐山和邯郸3座城市入选。此外，河北还有中国二十二冶集团、河北建设集团、河北省建筑科学研究院、大元建业集团、惠达卫浴、冀东发展集成房屋等14家企业被住房和城乡建设部列为装配式建筑产业基地。

从河北省装配式建筑发展情况可以看出，上述3座城市均起步较早、重视程度较高、配套政策较完善、注重发挥地方资源优势，探索出了一条装配式建筑发展的“河北路径”。

（一）石家庄：运用综合优势发展装配式建筑

根据2017年5月出台的《河北省装配式建筑“十三五”发展规划》，石家庄被规划为装配式建筑产业综合性生产基地，以建筑产业科技创新为基本定位，重点对接北京和天津科技资源，搭建设计研发和智慧管理平台，兼顾装配式混凝土结构、钢结构、现代木结构和混合结构的全产业链核心技术研发，辐射带动全省装配式建筑发展。

近年来，通过当地政府的持续推动，石家庄市装配式建筑发展速度较快。截至2020年6月，该市共有125个装配式混凝土建筑项目通过专家评审，总建筑面积达536.02万m^2。总体来看，石家庄在推动装配式建筑发展方面有以下做法：

1.在战略上重视装配式建筑推广工作

为整体推进装配式建筑发展，2015年8月，石家庄市住房和城乡建设局设立了住宅产业化处。2016年7月，石家庄市建筑节能与墙材革新管理中心正式加挂“石家庄市装配式建筑促进中心”牌子。与此同时，石家庄市政府还明确了住房和城乡建设局、行政审批局、自然资源和规划局、交通运输局、财政局、市场监督管理局等各部门的职责，举全市之力发展装配式建筑。2018年1月，石家庄市建筑业协会专门成立了装配式建筑工作委员会。

2.持续完善配套政策

国家层面和河北省层面出台发展装配式建筑相关文件后，石家庄迅速行动，在具体实施办法出台前，就参照上海、济南做法，并结合石家庄实际情况，于2017年4月印发了《石家庄市装配式建筑装配率计算办法（试行）》。2017年9月，石家庄市人民政府印发《关于大力发展装配式建筑的实施意见》，以2017年、2018年、2020年和2025年为节点，制定了不同阶段的发展目标。

2018年2月，国家标准《装配式建筑评价标准》GB/T 51129–2017正式实施，为适应这一标准，石家庄又对上述实施意见进行了修订和完善，并于2018年4月印发。新版实施意见对装配式建筑发展优惠政策进行了调整，加大了政策支持力度，并确保了相关政策的延续性，避免因执行新的国家标准导致装配式建筑工作停滞不前。此外，近年来石家庄还先后出台了《关于加快推进我市装配式建筑的实施意见》《关于加快推进钢结构建筑发展的意见》《关于加快推进装配式建筑工作的通知》。

3.设置较高发展目标

《关于大力发展装配式建筑的实施意见》明确了2017年起，石家庄市桥西区等几个中心城区政府投资项目50%以上采用装配式建造方式建设，非政府投资开发项目10%以上采用装配式建造方式建设；2020年起，桥西区等几个中心城区新建建筑面积40%以上采用装配式建造，鹿泉区等几个外围城区新建建筑面积30%以上采用装配式建造；到2025年，桥西区等几个中心城区新建建筑凡适合装配式方式建造的全部采用装配式建造，全市新开工装配式建筑占新建建筑面积比例达到60%以上。可以看出，石家庄设置的目标明显高于国务院文件提出的基本目标。

4.注重人才和产业工人培养，构建一条龙的装配式建筑链条

为推动装配式建筑发展，提升装配式建筑专业技术人才及产业工人的技术水平，2019年8月，“石家庄市第一期装配式建筑产业工人培训”举行。参加培训的人员由来自多家施工单位的40余名工人组成，培训内容涵盖装配式建筑概述及技术体系介绍、装配式建筑施工理论知识学习、预制混凝土构件安装理论知识学习等，同时还进行了预制外墙板、内墙板、叠合板及预制楼梯的吊装和内外墙板注浆等实操演练。

石家庄市住房和城乡建设局相关负责人表示，装配式建筑是未来的重要发展方向，该局高度重视装配式建筑推广工作。近年来，通过采取提升配建比例、培育产业基地、约请专家定期培训、赴外地对标学习等举措，石家庄基本形成了集产品研发、设备制造、建筑设计、构件生产一条龙的装配式建筑链条。

（二）唐山：将装配式建筑作为绿色发展的“新名片”

2020年初，新冠肺炎疫情突然暴发，唐山部分装配式房屋生产企业迅速复工，支持多个城市建设临时医院。这些企业之所以能快速响应，为疫情防控阻击战争取时间做出贡献，还得益于唐山在装配式建筑领域拥有的产业基础和资源优势。唐山被称为“中国近代工业摇篮”和“华北工业重镇”，在装配式建筑产业的三大主料——钢材、水泥、砂石骨料方面具有就地取材的优势。此外，因产业结构偏重和环保压力增加，唐山也一直在探索转型升级、节能减排的高质量发展之路。因此，发展装配式建筑便成为当地的首选之一。

根据《河北省装配式建筑“十三五”发展规划》，凭借钢铁产业优势突出、交通区位优越等优势，唐山被规划定位为装配式建筑区域性生产基地，重点发展钢结构建筑，积极发展装配式混凝土建筑，并借助区域内良好的现代木结构、陶瓷、型材等产业基础，发展现代木结构建筑、建筑部品、整体厨卫等。在发展装配式建筑方面，唐山主要有以下四个特点：

1.较早起步助推装配式建筑发展

唐山是河北较早发展装配式建筑的地区之一，在政策方面，2016年6月出台的《关于加快推进住宅产业现代化发展的实施意见》，明确中心区建筑面积10万m^2以上的新建住宅小区，采用住宅产业现代化建造方式的建筑面积不低于总建筑面积的10%。2017年12月，《唐山市推进装配式建筑发展的若干政策措施》出台，明确政府投资或主导新建的保障性住房、棚户区改造和公共建筑等项目应采用装配式建造方式，并从容积率奖励、财政支持、税费优惠、优化发展环境等方面给予政策支持。

此外，根据唐山市住房和城乡建设局公布的资料，该局在2011～2018年中，共承担了6项国家级装配式建筑结构体系研究项目，并成立了唐山市绿色建筑产业技术研究院，组建了中国二十二冶集团、冀东发展集成房屋公司等国家、省级研发中心。同时，还组织企业主持或参与编制国家级、省级相关标准八部。2018年，“新型建材及装配式住宅”还被列为唐山市四大支柱产业之一。

2019年9月，全国装配式建筑技术与产业园区建设交流大会在唐山召开。唐山市副市长表示，新型建材及装配式住宅产业是唐山构建“4+5+4”现代产业体系的重要组成部分，唐山市已成功申报全国首批“国家装配式建筑示范城市”，成立了唐山市绿色建筑产业技术研究院等研发中心，全市装配式建筑产业正迎来发展“黄金期”。据了解，唐山已逐步构建起“政府推动、市场主导、科技支撑、项目示范”的装配式建筑发展模式。截至2019年底，唐山累计实施装配式建筑707.43万m^2。

2.组建上下游产业联盟

2018年5月，唐山市住房和城乡建设局组织召开了“唐山市装配式建筑创新发展产业联盟”成立大会，建筑材料生产企业、构件生产企业、设计单位、开发单位、施工企业等39家企业成为第一批“联盟”成员单位。产业联盟的组建，有助于集成装配式建筑上下游企业，促进当地装配式建筑产业链的联动发展。

3.重点发展钢结构建筑

中国二十二冶集团装配式建筑分公司总工程师认为：“相比混凝土结构和木结构建筑，钢结构装配式建筑无论在绿色环保、安全节能，还是在培育新动能、化解钢铁产能以促进城市转型等方面，优势都很明显。”

2008年北京奥运会前后，首钢集团搬迁到唐山，进一步增加了唐山的钢铁产能。业界曾有一句戏称：“每年全球钢产量中国排第一，河北排第二，唐山排第三”。加上拥有便利的港口资源，唐山将钢结构建筑作为重点发展方向。2020

年3月，唐山正式被选为河北省试点城市，进行为期3年的钢结构装配式住宅建设试点。

在河北实丰绿建科技发展有限公司总工程师看来，随着装配式建筑成本的逐渐降低、质量越来越好、技术体系越来越成熟，装配式建筑的市场接受程度也在稳步提升。与省内其他城市相比，唐山发展钢结构装配式住宅具有更好的优势，当地不仅钢材成本低而且品种更为齐全。总体来看，唐山不仅对装配式建筑的推广力度大，而且落地效果也很好。

2020年，以试点为契机，唐山又提高了装配式住宅的配建比例，并致力于打造绿色发展的“新名片”。在政策方面，将6万m^2以上的新建住宅项目中装配式住宅配建比例提高到40%，并完善激励政策；在产业培育方面，积极培育龙头企业，支持国内外优势企业与当地企业合作，将当地企业发展成设计、生产、施工一体化的装配式建筑龙头。

4.区（县）错位发展

唐山市辖3个县级市、4个县、7个区和4个开发区。其中，丰润区是北方最大的建材生产基地之一，2020年3月被认定为河北省首批装配式建筑示范县，目前该区正规划建设占地2100亩的装配式建筑产业园区，推动装配式建筑产业聚集发展，计划打造集装配式混凝土部件、钢结构研发、设计、生产、销售、施工于一体的全产业链；玉田县将装配式建筑产业作为县域高质量发展的新动能，2019年引进了杭萧钢构绿色装配式钢结构建筑产业基地项目，并建设装配式绿色建筑生产车间、产品质量检测国家级实验室等；丰南区借助惠达卫浴总部所在地的优势，设立惠达卫浴“整体浴室”科创基地。

（三）邯郸：打造辐射冀南的装配式建筑区域性生产基地

邯郸有着“钢城”和“煤都”之称，是国家重点建设的老工业基地。根据《河北省装配式建筑“十三五”发展规划》，凭借丰富的产业基础、试点基地、广阔的市场辐射以及农村试点经验等诸多优势，邯郸被规划定位为装配式建筑区域性生产基地，重点发展钢结构建筑、装配式混凝土建筑和配套部品部件，同时积极发展农村装配式低层住宅，服务河北省南部地区并辐射附近区域。

按照以点带面、由低到高的思路，邯郸近年来开工了23个装配式建筑项目，建筑面积达64.2万m^2。另外，2017年7月1日至2018年12月底，邯郸共新出具装配式住宅、商业、商务类建筑规划面积约100万m^2，全部为高层装配式建筑。综合来看，在发展装配式建筑方面，邯郸主要有以下四个特点：

1.精心筹备示范城市创建

为创建国家装配式建筑示范城市，邯郸市委、市政府主要领导多次召开专题调度会议，深入企业调研，听取主管部门和企业的意见建议，并组织人员到合肥、济南、深圳等地学习先进经验。此外，邯郸市政府还成立了由主管副市长任组长，邯郸市建设局局长任副组长，19个市直部门主管领导为成员的邯郸市推广装配式建筑领导小组，统筹规划、组织协调、整体推进全市装配式建筑的发展。

2017年7月，在邯郸市装配式建筑现场观摩座谈会上，邯郸市副市长要求各县（市、区）要把推广装配式建筑作为重点工作，特别要把装配式住宅作为重中之重，明确发展目标和年度计划，制定时间表、推进重点保障措施和激励政策，做好装配式建筑发展的顶层设计。

此外，邯郸市还出台了多项支持政策。2017年6月印发的《邯郸市人民政府关于大力发展装配式建筑的实施意见》，提出了相应的目标要求和市场支持政策。与此同时，根据地域特点和产业布局，邯郸还配套出台了《邯郸市装配式建筑“十三五”发展规划》，对大力推进装配式建筑发展提出了明确的任务和目标，对装配式产业基地合理布局、防止产能过剩作出了规划安排。2019年1月，邯郸市人民政府又印发《关于支持装配式建筑发展的若干政策》，从商品房预售、部件运输、重污染天气下施工等多方面支持装配式建筑发展。

2.分区分类逐步加大装配式建筑推广力度

在发展目标上，《邯郸市人民政府关于大力发展装配式建筑的实施意见》明确了四个方向：一是中心城区（丛台区、复兴区、邯山区等）2017年7月1日起装配式建筑占新建建筑面积的比例达到30%以上，2020年1月1日起装配式建筑占新建建筑面积的比例达到50%以上；二是中心城区之外的县（市）2020年1月1日起装配式建筑占新建建筑面积的比例达到20%以上；三是鼓励农村居民自建住房采用装配式建筑；四是力争用10年左右的时间使全市装配式建筑占新建建筑面积的比例达到30%以上。可以看出，邯郸中心城区的发展目标制定得很高，同样远高于国务院文件提出的目标。

3.加快打造产业基地，形成完整产业链条

近年来，邯郸通过引导本地骨干房地产企业、建筑业企业进行产业延伸和招商引资等方式，在全市培育了五家装配式建筑开发、设计、施工企业，建成了八家装配式建筑产业基地。据了解，目前基地包含了PC混凝土结构、钢结构和轻钢结构企业，预制混凝土构件年产能达到20万m^3，钢构件年加工能力达到26万t，新型墙体材料年生产能力达1200万m^2。此外，下游保温材料、门窗、装修等相关产业也不断聚积壮大，形成了一条完整的产业链条，现有产能在满足邯郸市建筑市场的同时，还能辐射晋冀鲁豫周边市场。

4.注重宣传推广工作

对于很多消费者来说，目前装配式建筑依然属于“新事物”。为提高装配式建筑的市场认知度，2017年邯郸市人民政府在市区和涉县先后两次举办推介会，组织全市200多家开发、施工、设计、监理等企业和装配式建筑生产基地企业、建筑节能绿色建材企业参与，参观人数超5000人。此外，在农村地区，邯郸还发放农房新型建材下乡宣传册1万余册。

第二节　京津冀地区装配式建筑可持续发展水平评价

根据第四章第五节内容，通过权衡选择5位专家，利用层次分析法确定指标权重得出经济、社会、技术创新和环境资源四类指标的权重分别为0.3303、0.1594、0.2128、0.2975。可以得出，经济类指标所占权重最大，环境资源所占权重次之。由此可知，在装配式建筑发展过程中，专家还是将经济发展放在首位，环境资源也对装配式建筑的发展水平产生重要的影响。

根据第四章基于白化权函数的灰色综合评价步骤，现对京津冀地区装配式建筑可持续发展水平进行评价。

一、灰色综合评价过程

设计京津冀地区装配式建筑发展水平调查表（附件I），邀请九位专家参与问卷调查，分别是两位住房和城乡建设部科技与产业发展中心的工作人员、两位京津冀地区研究装配式建筑的教授，两位长期研究装配式建筑的领域专家，一位中国建筑设计研究院有限公司研究员，两位中国建筑科学研究院有限公司研究员。评价过程如下：

1. 根据专家打分，确定样本矩阵

$$B=\begin{bmatrix}2&3&2&1&2&2&2&3&2\\2&2&2&2&2&2&2&2&2\\3&4&4&3&4&3&3&3&3\\2&2&1&1&2&2&2&1&1\\3&3&3&3&3&3&3&3&3\\2&2&3&1&2&3&2&3&2\\2&2&2&1&3&2&2&3&2\\2&3&2&2&3&3&3&3&3\\4&4&3&5&4&4&3&4&4\\3&4&3&3&4&4&4&5&3\\2&3&2&2&3&3&2&2&2\\3&3&3&3&3&3&3&3&3\\4&3&4&3&3&4&4&3&3\\2&3&2&1&1&2&2&2&2\\3&2&4&3&4&4&3&3&3\\3&4&3&4&3&3&4&3&3\end{bmatrix}$$

2. 计算每个二级指标的灰色评价权

（1）计算成本效益水平（C_{11}）的灰色评价权：

$$x_{11e}=\sum_{k=1}^{9}f_e(b_{11k})=f_e(b_{111})+f_e(b_{112})+\cdots+f_e(b_{119})$$

当$e=1$时，

$$x_{111}=f_1(2)+f_1(3)+f_1(2)+f_1(1)+f_1(2)+f_1(2)+f_1(2)+f_1(3)+f_1(2)\\=3.8$$

当$e=2$时，

$$x_{112}=f_2(2)+f_2(3)+f_2(2)+f_2(1)+f_2(2)+f_2(2)+f_2(2)+f_2(3)+f_2(2)\\=4.7$$

当$e=3$时，

$$x_{113}=f_3(2)+f_3(3)+f_3(2)+f_3(1)+f_3(2)+f_3(2)+f_3(2)+f_3(3)+f_3(2)\\=6.33$$

当$e=4$时，

$$x_{114}=f_4(2)+f_4(3)+f_4(2)+f_4(1)+f_4(2)+f_4(2)+f_4(2)+f_4(3)+f_4(2)\\=7.5$$

当$e=5$时，

$$x_{115}=f_5(2)+f_5(3)+f_5(2)+f_5(1)+f_5(2)+f_5(2)+f_5(2)+f_5(3)+f_5(2)$$
$$=1$$

（2）C_{11}属于各个评价灰类的总白化权x_{11}为：

$$x_{11}=\sum_{e=1}^{5}\sum_{k=1}^{n}f_e(b_{11k})=x_{111}+x_{112}+x_{113}+x_{114}+x_{115}$$
$$=3.8+4.75+6.333+7.5+1=23.383$$

（3）C_{11}属于第e灰类的灰色评价权为：

当$e=1$时，$r_{111}=\dfrac{x_{111}}{x_{11}}=\dfrac{3.8}{23.383}=0.163$；

当$e=2$时，$r_{112}=\dfrac{x_{112}}{x_{11}}=\dfrac{4.75}{23.383}=0.203$；

当$e=3$时，$r_{113}=\dfrac{x_{113}}{x_{11}}=\dfrac{6.333}{23.383}=0.271$；

当$e=4$时，$r_{114}=\dfrac{x_{114}}{x_{11}}=\dfrac{7.5}{23.383}=0.321$；

当$e=5$时，$r_{115}=\dfrac{x_{115}}{x_{11}}=\dfrac{1}{23.383}=0.043$。

（4）C_{ij}对各个灰类的灰色评价权向量为：

依据C_{11}灰色评价权向量，同理可计算出所有二级指标的灰色评价权向量，所以有：

$r_{11}=(r_{111},\ r_{112},\ r_{113},\ r_{114},\ r_{115})=(0.163,\ 0.203,\ 0.271,\ 0.321,\ 0.043)$；

$r_{12}=(r_{121},\ r_{122},\ r_{123},\ r_{124},\ r_{125})=(0.156,\ 0.195,\ 0.260,\ 0.390,\ 0)$；

$r_{13}=(r_{131},\ r_{132},\ r_{133},\ r_{134},\ r_{135})=(0.245,\ 0.306,\ 0.327,\ 0.122,\ 0)$；

$r_{21}=(r_{211},\ r_{212},\ r_{213},\ r_{214},\ r_{215})=(0.127,\ 0.159,\ 0.212,\ 0.319,\ 0.182)$；

$r_{22}=(r_{221},\ r_{222},\ r_{223},\ r_{224},\ r_{225})=(0.211,\ 0.263,\ 0.351,\ 0.175,\ 0)$；

$r_{23}=(r_{231},\ r_{232},\ r_{233},\ r_{234},\ r_{235})=(0.169,\ 0.211,\ 0.282,\ 0.296,\ 0.042)$；

$r_{24}=(r_{241},\ r_{242},\ r_{243},\ r_{244},\ r_{245})=(0.163,\ 0.203,\ 0.271,\ 0.321,\ 0.43)$；

$r_{25}=(r_{251},\ r_{252},\ r_{253},\ r_{254},\ r_{255})=(0.194,\ 0.242,\ 0.323,\ 0.242,\ 0)$；

$r_{26}=(r_{261},\ r_{262},\ r_{263},\ r_{264},\ r_{265})=(0.310,\ 0.365,\ 0.280,\ 0.044,\ 0)$；

$r_{31}=(r_{311},\ r_{312},\ r_{313},\ r_{314},\ r_{315})=(0.283,\ 0.332,\ 0.300,\ 0.086,\ 0)$；

$r_{32}=(r_{321},\ r_{322},\ r_{323},\ r_{324},\ r_{325})=(0.175,\ 0.219,\ 0.292,\ 0.313,\ 0)$；

$r_{33}=(r_{331},\ r_{332},\ r_{333},\ r_{334},\ r_{335})=(0.211,\ 0.263,\ 0.351,\ 0.175,\ 0)$；

$r_{34}=(r_{341},\ r_{342},\ r_{343},\ r_{344},\ r_{345})=(0.257,\ 0.321,\ 0.318,\ 0.104,\ 0)$；

$r_{35}=(r_{351},\ r_{352},\ r_{353},\ r_{354},\ r_{355})=(0.149,\ 0.186,\ 0.248,\ 0.329,\ 0.88)$；

$r_{41}=(r_{411},\ r_{412},\ r_{413},\ r_{414},\ r_{415})=(0.240,\ 0.299,\ 0.317,\ 0.145,\ 0)$；

$r_{42}=(r_{421}, r_{422}, r_{423}, r_{424}, r_{415})=(0.245, 0.306, 0.327, 0.122, 0)$。

（5）C_{ij}对所有灰类的灰色评价权矩阵R_i为：

$$R_1=\begin{bmatrix}\gamma_{11}\\ \gamma_{12}\\ \gamma_{13}\end{bmatrix}=\begin{bmatrix}0.163 & 0.203 & 0.271 & 0.321 & 0.043\\ 0.156 & 0.195 & 0.260 & 0.390 & 0\\ 0.245 & 0.306 & 0.327 & 0.122 & 0\end{bmatrix}$$

$$R_2=\begin{bmatrix}\gamma_{21}\\ \gamma_{22}\\ \gamma_{23}\\ \gamma_{24}\\ \gamma_{25}\\ \gamma_{26}\end{bmatrix}=\begin{bmatrix}0.127 & 0.159 & 0.212 & 0.319 & 0.182\\ 0.211 & 0.263 & 0.351 & 0.175 & 0\\ 0.169 & 0.211 & 0.282 & 0.296 & 0.042\\ 0.163 & 0.203 & 0.271 & 0.321 & 0.43\\ 0.194 & 0.242 & 0.323 & 0.242 & 0\\ 0.310 & 0.365 & 0.280 & 0.044 & 0\end{bmatrix}$$

$$R_3=\begin{bmatrix}\gamma_{31}\\ \gamma_{32}\\ \gamma_{33}\\ \gamma_{34}\\ \gamma_{35}\end{bmatrix}=\begin{bmatrix}0.283 & 0.332 & 0.300 & 0.086 & 0\\ 0.175 & 0.219 & 0.292 & 0.313 & 0\\ 0.211 & 0.263 & 0.351 & 0.175 & 0\\ 0.257 & 0.321 & 0.317 & 0.104 & 0\\ 0.149 & 0.186 & 0.248 & 0.329 & 0.88\end{bmatrix}$$

$$R_4=\begin{bmatrix}\gamma_{41}\\ \gamma_{42}\end{bmatrix}=\begin{bmatrix}0.240 & 0.299 & 0.317 & 0.145 & 0\\ 0.245 & 0.306 & 0.327 & 0.122 & 0\end{bmatrix}$$

3.对一级指标进行综合评价

（1）分别对一级指标B_1、B_2、B_3、B_4做综合评价，B_1、B_2、B_3、B_4的权向量分别为：

$Q_1=(0.3299, 0.4938, 0.2072)$；

$Q_2=(0.1092, 0.0721, 0.2866, 0.1553, 0.2556, 0.1212)$；

$Q_3=(0.3681, 0.1094, 0.2121, 0.1094)$；

$Q_4=(0.3975, 0.6026)$。

（2）B_1、B_2、B_3、B_4的灰色评价权向量如下：

$B_1=Q_1 \cdot R_1=(0.182, 0.227, 0.286, 0.324, 0.014)$；

$B_2=Q_2 \cdot R_2=(0.190, 0.234, 0.249, 0.288, 0.097)$；

$B_3=Q_3 \cdot R_3=(0.236, 0.287, 0.307, 0.160, 0.096)$；

$B_4=Q_4 \cdot R_4=(0.243, 0.303, 0.323, 0.131, 0)$。

（3）装配式建筑可持续发展水平A的灰色综合评级权矩阵为：

$$R=\begin{bmatrix}B_1\\B_2\\B_3\\B_4\end{bmatrix}=\begin{bmatrix}0.182 & 0.227 & 0.286 & 0.324 & 0.014\\0.190 & 0.234 & 0.249 & 0.288 & 0.097\\0.236 & 0.287 & 0.307 & 0.160 & 0.096\\0.243 & 0.303 & 0.323 & 0.131 & 0\end{bmatrix}$$

根据最大隶属度原则，可以得到京津冀地区装配式建筑发展水平在经济、社会、技术创新和资源环境层面所属的等级分别为较低水平、较低水平、中等水平、中等水平。

4.对装配式建筑可持续发展水平作综合评价

装配式建筑可持续发展水平（A）的权向量为Q=(0.3303，0.1594，0.2128，0.2975)，所以A的灰色综合评价权向量为$C=Q\cdot R$=(0.213，0.263，0.302，0.220，0.041)，由此根据隶属度最大原则得出京津冀地区装配式建筑可持续发展为中等水平。

二、评价结果分析

对京津冀地区进行基于白化权函数的灰色综合评价分析得出，京津冀地区装配式建筑可持续发展水平属于中等水平，说明京津冀装配式建筑可持续发展水平已日趋完善，但是还需要不断完善更新当前装配式发展过程中存在的问题，从经济支持、技术创新、管理等方面不断改进，进一步推进装配式建筑的发展。

1.经济层面装配式建筑可持续发展水平分析

经济类指标主要包括三个二级指标：成本效益水平、经济贡献力水平以及科研经费投入水平，其权重值分别为0.3299、0.4938、0.2072。由此可知在装配式建筑经济可持续发展水平评价中，经济贡献力水平所占权重最大，是经济类指标中对装配式建筑可持续发展影响最大的指标。经济类指标发展水平的隶属度最高为0.324，由此可得装配式建筑经济可持续发展还处于较低水平阶段。

装配式建筑的发展分为三个阶段：第一阶段注重其性能的不断提高；第二阶段在提高性能的同时，也会注重成本效益的提高；第三阶段就是发展的成熟阶段，性能和效率都将向最优化发展。当前，装配式建筑经济可持续发展处于较低水平，符合发展的客观规律。在装配式建筑发展初期，制定标准、技术研发等需要大量的资金投入，而产业链不健全、建设标准不统一、缺乏产业工人等因素，都会造成建设成本的上涨，使得装配式建筑发展初期经济效益不明显。根据评价结果可知，在未来装配式建筑的发展过程中应不断缩减装配式建筑的成本，实现设计、生产标准化，提高建筑产业链的完善程度，加快人才队伍的培养等，从而实现建造标准化并提高成本效益。

2. 社会层面装配式建筑发展水平分析

社会类指标主要包括六个二级指标：从业人员水平、产业化企业的市场占有水平、产业链结构科学化水平、施工组织与管理科学化水平、发展协同水平和政府对装配式建筑的支持力度，其权重值分别为0.1092、0.0721、0.2866、0.1553、0.2556和0.1212。由此可知，在社会层面对装配式建筑发展水平的评价中，产业链结构科学化水平和发展协同水平发挥着至关重要的作用。社会类指标装配式建筑发展水平的隶属度最高为0.288，由此可得装配式建筑社会可持续发展还处于较低水平阶段。

究其缘由，主要是因为装配式建筑在京津冀地区发展时间较短，京津冀地区还没有形成合力，没有形成三地装配式建筑发展协同机制，管理水平跟不上技术的更新迭代，产业工人技术水平较为落后，工业产能小，多样化和个性化不能满足市场需求、产业链未形成统一体等。从社会层面提高京津冀地区装配式建筑可持续发展水平最主要的是要合理配置资源，提高京津冀三地之间的产业协同度，完善建筑产业链。

3. 技术创新层面装配式建筑发展水平分析

技术类指标主要包括五个二级指标：信息化管理程度、设计标准化程度、构配件和部品工厂化生产水平、施工装配化水平和装配式建筑产品性能认证制度，其权重值分别为0.3681、0.1094、0.2121、0.201和0.1094。由此可知，在技术创新层面对装配式建筑发展水平评价中，信息化管理是影响技术创新最重要的因素，影响最小的是装配式建筑产品性能认证制度，原因可能是认证制度是新型行业，不被大家所熟知，但是认证制度是社会诚信体系建设的重要部分，是产品质量的最好佐证，发展认证制度，有助于提高装配式建筑的产品质量，使得行业实现可持续发展。

装配式建筑发展水平的技术创新类指标隶属度最高为0.307，由此可得装配式建筑技术创新可持续发展还处于中等水平阶段，说明京津冀装配式建筑相关技术的发展在全国范围内处于领先水平，其中发展较为完善的是信息化技术，如BIM技术被广泛应用于设计、生产和建造过程中。京津冀地区作为装配式建筑的重点推进地区，规划了大批装配式建筑产业园区，重点进行装配式建筑技术创新，逐步加大装配式建筑的建设，发展速度较快，但仍面临很多问题。主要问题表现如下：机械化、信息化水平低，工厂化生产未达到规模经济，造价费用偏高，企业没有动力进入新产业，标准化、通用化的技术体系和管理规范不健全。

4.环境资源层面装配式建筑发展水平分析

资源环境层面主要包括两个二级指标：资源优化配置程度和绿色节能水平，其权重分别为0.3975和0.6025。装配式建筑发展水平的环境资源类指标隶属度最高为0.323，由此可得装配式建筑环境资源可持续发展还处于中等水平阶段。

资源能源的节约不仅可以降低建设项目的成本支出，还可以造福子孙后代。因此，京津冀地区装配式建筑未来发展过程中应该引进更多新方法、新技术，选取更加环保的材料以降低建筑能耗，保证装配式建筑在环境层面走向更优级。

第三节　京津冀地区装配式建筑可持续发展对策建议

通过实证研究可知，京津冀地区装配式建筑的发展处于中等水平，说明京津冀地区装配式建筑的发展已日趋完善，但是仍有个别指标需改进完善，不能仅仅提高装配式建筑的经济可持续发展水平，还需提升社会满意度、提高资源利用的效率并保护环境。

京津冀地区装配式建筑可持续发展在经济和社会层面属于较低水平，技术创新和环境资源层面属于中等水平。普遍认为经济可持续发展水平低是由于装配式建筑发展前期投入较大，更深层次影响建设成本上涨的因素是产业链不健全、建设标准不统一、人才队伍紧缺等；社会可持续发展水平低是由于装配式建筑还处于初级阶段，公众认知度低，其中权重较大的指标有产业链的结构科学化水平和发展协同水平；技术创新可持续发展水平处于中等，表明我国装配式建筑技术路线正逐步形成，但是还需要通过不断研究装配式建筑关键技术，为装配式建筑发展提供可持续性的支撑和引领，在技术创新层面的指标中信息化管理权重最大，装配式建筑产品性能认证制度作为一种新型的质量管理体制，尚未被公众熟悉，但是会成为未来保障装配式建筑发展质量的重要组成部分；环境资源层面可持续发展水平处于中等，环境保护和资源节约都是重要指标，信息化技术的发展能够有效提高这两个指标的发展水平。因此，本节提出坚持“因地制宜、协同发展”的核心理念，从“经济、社会、技术、环境”四个层面出发，着力降低成本提高经济效益、整合社会建筑产业链、做好技术创新与标准化体系建设、提高实施全过程的环境友好度，进而促进京津冀地区装配式建筑的可持续发展。

一、经济层面可持续发展对策建议

着力降低成本，提高经济效益。当前我国装配式建筑还处于初期培育阶段，与传统建筑相比，装配式建筑前期投入资金巨大，经济效益不明显，但从长远发展来看，装配式建筑能够带来劳动效率的极大提升，促使建筑质量与经济效益的同步提高。

提高京津冀地区装配式建筑的经济效益，首要是促进地区产业化市场的培育与壮大，以规模效益和产业集群降低增量成本，扩大地区新建建筑装配式比例；从政府投资项目出发，优先发展装配式建筑；从需求出发，促进地区全产业链企业的发展。建设京津冀地区装配式建筑园区，培育行业领先的装配式建筑设计、构配件生产、施工、运营等专业企业，鼓励京津冀地区建材生产企业向构件部品业务转型、传统施工企业向装配式建造转型，发挥市场主体的支持作用。在市场发展培育初期，巨大的增量成本导致其发展增速缓慢，政府需要实施包括资金扶持、税收改革以及土地政策优惠等激励性政策进行市场发展引导。

二、社会层面可持续发展对策建议

（一）因地制宜，协同发展

在京津冀地区装配式建筑发展过程中，每一地区都有自己独特的优势，北京市和天津市拥有雄厚的经济实力和先进的技术支撑，河北省土地资源丰富、制造业发达。因此，为促进京津冀地区装配式建筑一体化发展，北京市住建委与天津市住建委、河北省住房和城乡建设厅在框架下共同达成联合发展的意向，抓住京津冀地区装配式建筑协调发展的关键，凸显各地发展优势；通过资源的共享、优势互补，共建产业园区和产业基地；实现低投入、高产出的发展态势，确保京津冀地区装配式建筑的协调发展。

北京地区由于土地资源稀缺，限制了装配式建筑发展规模的扩大，因此北京市在装配式建筑发展中应该将重点放在高新技术发展、信息化建设等方面；天津市装配式建筑的发展优势主要依靠城市基础设施发达，城市建设在不断完善，城镇化进程不断加快，发展潜力巨大；河北省土地资源丰富，工业化发展蓬勃，在发展装配式建筑的过程中，发展重点需要向工业化转型，加大预制部品部件生产企业的改扩建力度，做好潜在生产企业的转型规划工作，将装配式建筑相关产业作为河北省重点发展产业之一。

在京津冀三地协同发展过程中，要尊重不同地区的发展差异，不能“一刀切”，因地制宜，各有侧重，实现差异化发展，避免因产能过剩造成的资源浪费。

（二）促进京津冀人才资源共享

北京、天津和河北三地人才资源不均衡，为实现京津冀地区装配式建筑一体化发展，首先需要实现人才共享。北京拥有丰富的人才资源，需要采取措施促进人才资源的共享，如：可以建立人才资源信息库，实现人才资源在三地的流动机制；加强推行京津冀区域公共服务一体化，为京津冀装配式建筑的发展提供良好的人才共享环境；制定相关的政策吸引国外装配式建筑相关人才，学习国外产业发展实体与科研机构协作的先进经验。

（三）整合产业链结构科学发展

装配式建筑产业链结构的科学发展需要产业链每个节点上的配套企业相互配合、资源共享、协调发展。建筑产业链结构的科学整合需要从横向和纵向综合考虑：横向的科学整合需要具有相同功能的企业实现集群化扩展，整合企业优势用于实现产业链某一阶段的技术进步，成为装配式建筑发展强有力的动力；纵向的科学整合需要整个产业链上的核心企业积极参与整个产业链条的发展，发挥积极作用，实现产业链每一环节的健康发展。他们之间需要相互促进、相互依赖，才能共同维护好整个产业化的可持续发展。

三、技术创新层面可持续发展对策建议

（一）提升装配式建筑信息技术水平

装配式建筑和信息化技术应用是装配式建筑工厂化和信息化的主要表现形式。BIM是装配式建筑发展过程中应用最为广泛的信息化技术，BIM技术不仅能够加强项目参与各方之间的信息共享，还是管理的载体，可以应用到装配式建筑发展的各个阶段，因此，需要加强项目相关人员对BIM技术的应用培训，以提高管理水平和项目实施效率。除此之外，京津冀三地可以通过政府引导，构建线上下单，线下配送的构配件采购模式，利用信息化手段推广预制部品部件的同时，降低产品宣传成本，打通京津冀三地之间的供需壁垒，实现预制部品部件供给和需求的精准对接，更好地化解过剩产能，进一步推动建筑产业的转型升级，实现装配式建筑更快更好地发展。

（二）推行建筑产业标准化研发

京津冀区域一体化发展，需要实现设计环节的标准化、生产部品的通用化及装修环节的系列化，因此需要装配式建筑各个环节标准化体系的研发和完善，确保区域装配式建筑发展遵循统一的标准。同时，需要委托认证中心建立适宜京津冀三地的预制构配件认证体系，加强相关产品质量监督力度，制定普适的装配式建筑评价标准，建立装配式建筑相关的技术标准体系。

在前期的发展过程中，可以以政府为主导，推行标准化楼梯、标准叠合楼板等标准，不断提高装配式建筑发展过程中的标准化程度。鼓励京津冀三地相关企业进行技术研发，提高工厂生产效率和现场装配设备的技术创新水平，开发新型的建筑材料，不断提高装配式建筑相关产品质量，为装配式建筑的快速发展提供技术支撑。

四、环境资源层面可持续发展对策建议

提高实施全过程的环境友好度。发展装配式建筑是贯彻落实国家绿色发展理念的需要，在推动传统建造向建筑产业转型升级的过程中，更要注意环境保护与资源节约，实现全过程环境友好度提升。

注意环境保护，加强绿色建材的推广与使用，做好装配式建筑构配件的设计研发，如装配式保温节能建筑板、钢框架节能墙板、轻质高强节能复合板等。促进绿色建材生产企业的变革与发展，增加绿色建材的供给数量、提高生产质量及专业水平；提高装配式建筑绿色建材的使用比例，从相关规定强制剔除不符合节能环保要求的材料在建筑中的使用，到出台激励政策以及建筑企业自发提高节能环保建材的使用。保证能源节约，包括节水、节电、节材，最根本的是提高目前装配式建筑预制构件工厂化预制生产的效率，这样同时可以减少施工现场的能源与材料消耗，另外还要加强推进绿色施工，减少施工过程噪声、污染对周边环境的破坏。

第六章

装配式建筑可持续发展存在的问题及对策建议

2021年上半年装配式建筑政策及要点

- 《住房和城乡建设部标准定额司关于2020年度全国装配式建筑发展情况的通报》（建司局函标〔2021〕33号）指出：2020年，全国31个省、自治区、直辖市和新疆生产建设兵团新开工装配式建筑面积共计6.3亿m^2，较2019年增长50%，占新建建筑面积的比例约为20.5%，完成了《"十三五"装配式建筑行动方案》确定的到2020年达到15%以上的工作目标。
- 《住房和城乡建设部等15部门关于加强县城绿色低碳建设的意见》（建村〔2021〕45号）指出：大力发展绿色建筑和建筑节能；发展装配式钢结构等新型建造方式；全面推行绿色施工。

第一节　装配式建筑可持续发展存在的问题

经过多年来的大力推进，我国装配式建筑的发展取得了不错的成绩，一些城市新建装配式建筑占新建总建筑面积的比例已超过预期目标。但由于起步晚、发展时间短、经验缺乏，导致同时存在技术与管理上的缺陷，从行业改革发展的全局来看，目前我国装配式建筑发展仍存在许多问题，因此，分析和解决装配式建筑发展过程中存在的难点问题显得尤为重要，下面将就目前存在的一些问题进行分析。

一、装配式建筑的相关标准规范研究不足

（一）构件设计及生产的标准不统一

装配式建筑领域缺少统一的标准规范，是阻碍我国装配式建筑行业向产业化、工业化、标准化和商品化方向发展的原因之一。相较于传统的现浇混凝土结构作业，装配式建筑施工涉及构件进场、运输与堆放、构件吊装与安装、临时支撑固定等特定的作业流程。然而我国装配式建筑的施工缺乏全国统一的行业规范和标准，各个地方对于构件的生产、运输、吊装和各节点连接等操作的标准均不同，甚至与国内部分传统建筑技术标准不兼容。同时，就装配式建筑的预制构件来看，缺少对原材料的统一标准，造成预制构件的质量难以把控；缺少统一的通用型构件，构件品种单一，未形成标准化的构件。

（二）安全把控的标准规范不健全

随着装配式建筑发展的逐步加速，安全风险控制的难度也随之提升，其原因主要是装配式建筑的建造施工与传统现浇结构的建造施工存在一定的差异，两者的管理理念不同。与此同时，装配式建筑的结构体系较多，在技术标准尚未统一完善的情况下，各参建单位的施工水平参差不齐；在装配式建筑施工的各个环节中，管理制度不够完善以及现场施工仍然存在一定安全隐患。在缺少与之配套的

规范标准体系的情况下，此问题进一步突出。待完善的标准体系如下：

1.针对装配式建筑施工安全生产的综合管理标准不完善，无法明确项目各方的管理职责与制度、管理工作标准与流程。

2.缺失适用的针对装配式建筑施工现场的安全技术标准，特别是关于机械机具、模板支撑、脚手架、安全防护等内容的专用标准，现场安全生产技术指导依据不够。

3.装配式建筑安全技术、管理和作业的培训教材尚无编制计划。

安全施工始终是装配式建筑相关单位日常工作中的重中之重，政府部门、建设业主、施工单位、监理单位等对标准的编制出台诉求强烈。因此，编制更加具体且系统完整的装配式建筑施工现场安全技术标准势在必行。

二、装配式建筑的施工技术难点有待解决

装配式建筑的发展带来了施工技术的巨大转变，施工方式由传统现场施工变为现场组装，施工工艺由传统手工作业转变为以机械操作为主，这就意味着装配式建筑对施工技术、运输和吊装设备的要求较高。而目前我国的建筑企业普通缺乏装配式建筑的施工经验和专业人才，缺乏较为完整且成熟的技术支持，因此，研究装配式建筑的施工技术难点尤为重要。

（一）安装尺寸偏差问题

安装尺寸偏差问题主要表现为安装工人操作不熟练、部分相邻构件间钢筋位置设计不合理造成安装不精确；构件预留孔洞的尺寸、数量、位置不合理造成混凝土浇筑时出现外挂板外移的现象；由于缺少精度控制工具，造成墙板拼缝误差偏大、接缝宽窄不均、错台等问题。

（二）钢筋与套筒连接问题

装配式建筑预制构件间主要通过套筒灌浆将钢筋连接，目前，我国对于装配式建筑中钢筋与套筒连接的处理技术还很不成熟，很大程度上制约了装配式建筑的发展。例如，施工现场常出现套筒孔径过大或过小导致构件套筒连接时钢筋与预制套筒位置错位，而施工工人经常弯折或截断下层钢筋，因此留下了很多安全隐患。

三、装配式建筑的项目管理效率有待提高

（一）信息化管理水平较为欠缺

当前，一些规模企业已建立了局域网，实现了企业内部数据资源共享。即使大部分企业愿意采用项目信息化管理，但由于资金的约束，在项目的管理模式上，仍多套用基于传统手工、现场施工等原始生产方式的管理形式，主要体现在设计、构件生产与项目施工等环节的脱离，因而阻碍了信息的流转，导致管理效率低下。而且建筑施工企业具有项目分布面广、流动性大和劳动密集等特点，不同程度地限制施工企业在市场经济竞争中的信息化发展。

（二）相关管理人员的专业素养有待提高

装配式建筑项目管理人员的专业素质有待进一步提高，如：预制构件的深化设计与现浇部分融合度不高；施工单位对构件综合性能缺乏相应指导能力，统筹不足；构件厂缺乏对产品的综合设计能力，对预制构件的节点连接基础研究不够深入；技术人员、管理人员以及施工人员在项目管理中缺乏一定的学习与创新意识。预制结构的设计生产、吊装、安装等对人员的专业技能要求都较高，而目前从事装配式建筑行业的专业人员较为缺乏，工人对相关设备的操作不熟练、不规范。这些问题的存在造成施工进度慢、资源浪费以及工程质量低下等问题，降低项目管理效率，进而对装配式建筑行业的发展造成阻碍。

四、装配式建筑的质量、进度、成本预控能力不足

（一）质量责任界面有待进一步明确

施工、建设、监理、设计单位习惯于现浇的模式，对质量的预控能力不足。装配式建筑施工质量综合管理规范缺失，参建各方相关管理职责、制度、工作标准及流程不够明确。装配式建筑需要各单位紧密配合，由于当前建筑市场的相关运行机制不完善，设计、施工和构件生产企业、深化设计单位处于条块分割状态，导致质量责任界面不够清晰。如出现渗水现象，责任是设计、施工还是构件厂，目前还没有成熟的认责方式。装配整体式工程，对项目的整体性和管理的协调性要求很高，这对相关企业的管理能力和管理手段提出了更高的要求。而目前的管理体系，在设计、构件生产、施工等环节之间缺乏整体性思维和系统化管理方法，质量管理体系需要结合BIM技术、智能化管理等手段进一步提升。

（二）进度管理体系不完善

各个部门之间存在沟通与协调困难的问题，装配式建筑的优势无从体现，从而会造成工作疏漏，进而影响项目进度。与传统的现浇方式相较而言，装配式建筑会涉及较多的设计、生产、施工、装修、维护等单位，及项目的初步设计至验收维护均需要多个部门的相互合作。除此之外，对于装配式建筑而言，在施工现场进行部件组装时，面临的是全新模式下的结构连接技术和外围护系统、设备管线、装修等，这与传统施工技术截然不同，要求施工相关管理人员对施工现场的部署工作予以深入沟通和协作，并全面检测施工质量问题。

目前，装配式建筑缺乏完善的相关产业链体系，大部分的产业链之间缺乏沟通和协作，工程建设单位、设计单位缺乏产业化技术支撑能力和工程实施经验，工程承包商和构件加工厂不具备专业化技术和产业化实施能力，造成工程实施过程中各自为主、生产效率低等现象。

（三）装配式建筑的成本费用尚待管控

由于我国的装配式建筑处于摸索期，建筑的预制装配化技术不成熟，导致装配式建筑的建造成本高于传统的现浇模式。成本费用主要表现在：

1.预制构件的成本和构件吊装过程产生的费用

其一，预制构件生产企业缺少预制构件生产的专业设备与从事装配式构件生产的专业人员，对此要达到同等于传统现浇模式建筑的质量，预制构件的管理和设备摊销的费用较高；其二，在装配式建筑现场施工当中，其核心技术就是施工的吊装技术，而装配式建筑的构件吊装费用、超过3.6m的垂直运输费用等，相对于传统现浇模式而言，成本均有所增加。

2.高效的物流运输系统尚未建立，运输成本较高

物流运输系统对装配式建筑的推广相当重要，高效的物流系统可以保证构件的及时供应，减少二次搬运，减少预制构件的损坏，降低运输和安装成本，提高安装效率，对提升装配式的最终质量起到重要作用。当前，物流运输系统还不够发达，不当的放置导致运输过程中的损坏较多，构件厂、运输过程和施工现场的衔接有待改善，运输成本还比较高，不少项目出现构件到达施工现场后无处安放、安装时构件放置的位置及次序影响安装和施工进度等问题，导致施工效率不高。

第二节　促进装配式建筑可持续发展的对策建议

综合来看，各地在充分发挥既有市场及产业优势的基础上，通过建立健全政策支持体系、培育扶持龙头企业等措施，为促进当地装配式建筑的蓬勃发展注入了“强心剂”。但同时，技术标准体系不够完善、施工技术难点有待解决、管理效率低下以及质量、进度、成本预控能力不足等问题，在各地装配式建筑发展过程中都有不同程度的体现。面对“十四五”时期的新形势、新任务、新要求，本节提出促进我国装配式建筑可持续发展的对策建议。

一、完善标准体系，加强人才培养

（一）创新和完善装配式建筑标准体系

近些年的大量实践证明，若要进一步降低装配式建筑的成本，发挥其优势，相关技术标准的建立和完善刻不容缓。加快推动装配式建筑发展不能只靠政府的政策激励，更需上下游产业链企业加强技术体系的研发。各地要继续从政策、资金等方面鼓励和支持相关企业创新优化技术体系，迈出装配式建筑发展的新步伐。

随着我国装配式建筑的不断发展，装配式建筑必然要满足更多的社会需求，其技术体系及标准都应加快创新，进一步提升装配式建筑的技术水准，提高装配式建筑的力学性能，注重新技术、新材料、新工艺的研发。大力发展我国预制构件的集成化、标准化、通用化、多样性，进行体系的建设与改革。综合考虑我国装配式建筑的发展现状和机械设备、技术支撑、人才储备、材料性能等潜力，建立属于各地的预制构件产品目录，统一收录符合要求的不同生产单位的预制构件，并根据实际情况对预制构件进行合理的组合与归类，满足装配式建筑发展中个性化的要求。

（二）加强装配式领域人才专业化程度

目前，我国装配式建筑发展情况的主要问题还是在于专业化程度不够，相应专业技术的研究和发展与我国装配式建筑的发展需求不匹配。对此，国家应加强各高校对建筑预制装配式技术的学习，培养更多的装配化技术专业人才，提高装配式建筑行业的专业化程度，补充行业急需的人才，加快装配式建筑技术标准的研究和发展。

加强产学研企合作，提高装配式建筑发展的科研攻关水平。定期举办装配式建筑发展经验交流会和学术研讨会，加强不同区域、不同主体推进装配式建筑发展所取得经验和教训的交流研讨，优势互补、整合资源、信息共享，进而实现整个装配式建筑行业建设能力的提高。通过建立产业技术创新联盟，完善装配式建筑相关技术标准规范并强化重大关键性技术问题研究，逐步建立涵盖设计、生产、施工和使用维护全过程的装配式建筑标准规范体系，提升装配式建筑产业的核心竞争能力。通过技术上的改进和突破，为装配式建筑规模化生产、降低成本创造条件。

二、提高施工工艺，完善技术体系

（一）针对构件尺寸偏差问题

大体积构件常出现实际尺寸与图纸尺寸不符的现象，如预制夹芯墙板等。因此，为避免模板自身误差较大，应减少周转次数，防止模板变形；精准模板的尺寸定位，避免组装时出现较大尺寸偏差；严格根据构件合理选择吊具形式，按设计要求搭设模板，检查模板搭设是否精确、固定是否牢固，保证吊装质量；施工时由专人指挥，监督管理施工人员的操作，严禁出现模板固定不到位、胀模、变形等问题；浇筑前检查确认、浇筑期间观察，切实做好过程检查，保证各道工序的稳步落实。

（二）针对预制构件现场安装存在的问题

在现场拼装时，由于构件尺寸误差大，无法精确安装或是安装速度缓慢，因此在构件预制时，培训工厂人员严格按照设计图纸进行加工，减少预制过程的误差；施工人员要严格按照规范进行现场拼装，减少累计误差；做好进场检查记录，预制构件进场时，施工单位安排专职构件进场验收人员进行质量验收，保证工程中使用的每个构件产品都是合格的，避免因出现构件选择错误、设计错误、个别构件产生碰撞、吊装构件并非原设计构件等问题影响现场施工。

三、优化产业模式，提高管理效率

（一）加强行业管理，优化产业管理模式

行业管理是装配式建筑发展的基础。装配式建筑的建设包括设计、生产、运

输和施工等环节，目前已形成了一条完整的产业链。组成建筑主体的部件需要在工厂中预制并运送到施工现场进行安装，这就要求构件设计与现场组装保持高度协调，各相关企业应均具有很强的合作能力。从装配式建筑的产业链形成开始，将装配式建筑领域的生产、学习和研究相结合，培育装配式建筑上下游企业，以及集设计、生产、运输、施工和后期维护于一体的综合型领先企业。同时，推行工程总承包模式，鼓励加强装配式建筑领域各环节之间的联系和合作，以提高装配式施工过程的运作和沟通效率，并实行统一的综合管理。

（二）推动BIM技术应用，提高全过程管理效率

BIM技术作为一种可实现建筑项目信息化管理的手段，在装配式建筑的建造与运维过程中的重要程度不容忽视，也是未来装配式建筑发展的一条重要道路。BIM可进行项目全生命周期的信息共享与传递，使得装配式建筑领域的技术人员更加高效准确地对建筑信息进行识别处理，同时，BIM技术中建筑信息的共享使得建筑项目建造各方协同性得以提升，从而提高装配式建筑的生产效率、建造效率以及管理效率。

四、加强装配式建筑的质量、进度、成本控制

（一）明确质量责任制，强化管理措施

针对装配式建筑不同的参与主体，需对其质量责任进行划分与界定，并严格落实项目负责人的质量终身责任。此外，在报建、审图、施工许可、竣工验收等环节严格把关，确保装配式项目按照规定的标准实施建设。监督机构通过定期开展装配式建筑的专项检查，及时总结并通报检查中发现的问题，严肃处置参建各方的违规违法行为，加快管理措施的制定和落实，持续促进装配式建筑施工水平的提高。

（二）强化组织措施，加强进度控制

影响建筑工程施工进度最重要的就是人为因素。因为人是整个活动的主体，所有的施工安排、组织调配、合作协调等都是靠人来完成，而这些都是影响建筑施工进度的直接因素。建筑工程能否顺利实施和完成，能否如期实现控制目标，与是否有一个强有力的项目管理班子密不可分，因此，应建立控制目标体系，明确责任分工。

具体措施的制定需根据项目施工的自身特点，项目部应明确各级管理人员的

分工与职责，落实各自的任务与目标。要对总目标进行分解，确定各个阶段的进度控制目标，并明确责任人；编制项目实施总进度计划，项目实施总进度计划是确定施工承包合同中工期条款的依据，是审核施工单位提交的施工计划的依据，也是确定和审核施工进度与设计进度、材料设备供应进度、资金、资源计划是否协调的依据；建立工程进度报告制度及进度信息沟通网络，建立进度计划审核制度和进度计划实施检查分析制度；建立进度协调会议制度，包括协调会议举行的时间、地点、协调会议的参加人员等。

（三）降低预制构件的生产、运输成本

从装配式建筑的全生命周期来看，设计阶段应当注重构件的合理拆分，合理确定构件的大小，在减少模具类型和构件规格的前提下，务必保证构件的质量，同时还要提高模具周转率。生产阶段应当根据需要制订好计划以防浪费，要充分利用资源，尽量实现规模化、标准化生产，在生产构件的同时还要不断改进构件的生产工艺，提高机械化水平。运输阶段应合理考虑构件的运输距离和路况，以免因长途运输而造成成本过高和构件损坏。同时，根据构件的特点，合理选择能够加固构件的工具、装车布置以及运输工具，以防构件磨损、磕破，并拟订详尽的运输和装卸方案以降低运输成本。施工阶段应发挥吊车使用效率，结合现场布置情况，减少构件存储和二次搬运，并采用分段流水施工法，提高安装效率，减少措施费和人工费。

附件 I

我国装配式建筑发展水平评价指标重要性问卷调查表

尊敬的专家：

您好，首先感谢您对本次问卷调查的支持！此次调查问卷的目的是为了确定我国装配式建筑发展水平评价指标的重要程度，请您根据研究经验和对装配式建筑发展的了解进行客观公正的评价，以便对我国当前装配式建筑发展水平进行科学、准确地评价。

如果您在评价过程中对评价指标有任何意见或建议，请您在问卷中进行备注，您的反馈对本研究有十分重要的意义，感谢您的支持和合作！

一、背景资料

1.您现在的身份是（　）。[单选题]*

A. 教师

B. 住建主管部门工作人员

C. 施工人员

D. 房地产工作人员

E. 研究员

2.您接触工业化建筑的时间是（　）。[单选题]*

A. 0～1年

B. 2～3年

C. 3～6年

D. 6～9年

E. 9～12年

F. 12年以上

3.您的学历水平是（　）。

A. 专科及以下

B. 本科

C. 硕士

D. 博士及以上

二、指标重要程度打分

填写说明：

请依据您的学习和工作经验，判断以下指标对京津冀装配式建筑发展水平的影响程度，将各个指标的重要程度分为5级，分数从1～5分别表示“很不重要”“较不重要”“重要”“较为重要”“很重要”五个层次，在对应的分数中打“√”即可。

评价指标	重要度打分				
	1	2	3	4	5
成本效益水平					
经济贡献力水平					
科研经费投入水平					
从业人员水平					
产业化企业的市场占有水平					
产业链结构科学化水平					
施工组织与管理科学化水平					
发展协同水平					
政府对装配式建筑的支持力度					
信息化管理程度					
设计标准化程度					
构配件和部品生产工厂化水平					
施工装配化水平					
建筑部品与构件产品认证制度					
资源优化配置程度					
绿色节能水平					

附件Ⅱ

我国装配式建筑发展指标评价体系权重调查表

尊敬的专家：

您好，首先感谢您对本次问卷调查的支持！此次调查问卷的目的是为了确定我国装配式建筑发展水平指标体系中各指标的权重，请您根据研究经验和对装配式建筑发展的了解进行客观公正的评价，以便对我国当前装配式建筑发展水平进行科学、准确地评价。

如果您在评价过程中对评价指标有任何意见或建议，请您在问卷中进行备注，您的反馈对本研究有十分重要的意义，感谢您的支持和合作！

填写说明：

根据我国装配式建筑发展水平评价指标的不同，分别对准则层和指标层进行权重确定，在每一层指标中，都要进行两指标的重要程度对比，判断标准采取表1标度法，如下表所示。

标度含义表

标度值	含义
1	两因素（或方案）相比，B_i和B_j同等重要
3	两因素（或方案）相比，B_i比B_j稍微重要
5	两因素（或方案）相比，B_i比B_j明显重要
7	两因素（或方案）相比，B_i比B_j强烈重要
9	两因素（或方案）相比，B_i比B_j极端重要
2，4，6，8	取上述比较相邻的两个程度之间的中值
倒数	若i因素与j因素相比的标度为a_{ij}，则j因素与i因素相比标度为$a_{ji}=\frac{1}{a_{ij}}$

（一）准则层指标重要度判断

产业化水平（A）	经济层面（B_1）	社会层面（B_2）	技术创新层面（B_3）	环境资源层面（B_4）
经济层面（B_1）				
社会层面（B_2）				

续表

产业化水平（A）	经济层面（B_1）	社会层面（B_2）	技术创新层面（B_3）	环境资源层面（B_4）
技术创新层面（B_3）				
环境资源层面（B_4）				

（二）指标层指标重要度判断

经济层面（B_1）	成本效益水平（B_{11}）	经济贡献力水平（B_{12}）	科研经费投入水平（B_{13}）
成本效益水平（B_{11}）			
经济贡献力水平（B_{12}）			
科研经费投入水平（B_{13}）			

社会层面（B_2）	从业人员水平（B_{21}）	产业化企业的市场占有水平（B_{22}）	产业链结构科学化水平（B_{23}）	施工组织与管理科学化水平（B_{24}）	发展协同水平（B_{25}）	政府对装配式建筑的支持力度（B_{26}）
从业人员水平（B_{21}）						
产业化企业的市场占有水平（B_{22}）						
产业链结构科学化水平（B_{23}）						
施工组织与管理科学化水平（B_{24}）						
发展协同水平（B_{25}）						
政府对装配式建筑的支持力度（B_{26}）						

技术创新层面（B_3）	信息化管理程度（B_{31}）	设计标准化程度（B_{32}）	构配件和部品生产工厂化水平（B_{33}）	构配件和部品生产工厂化水平（B_{34}）	建筑部品与构件产品认证制度（B_{35}）
信息化管理程度（B_{31}）					
设计标准化程度（B_{32}）					

续表

技术创新层面（B_3）	信息化管理程度（B_{31}）	设计标准化程度（B_{32}）	构配件和部品生产工厂化水平（B_{33}）	构配件和部品生产工厂化水平（B_{34}）	建筑部品与构件产品认证制度（B_{35}）
构配件和部品生产工厂化水平（B_{33}）					
构配件和部品生产工厂化水平（B_{34}）					
建筑部品与构件产品认证制度（B_{35}）					

环境资源层面（B_4）	资源优化配置程度（B_{41}）	绿色节能水平（B_{42}）
资源优化配置程度（B_{41}）		
绿色节能水平（B_{42}）		

附件Ⅲ

京津冀地区装配式建筑发展水平情况调查表

尊敬的专家：

您好，首先感谢您对本次问卷调查的支持！此次调查问卷的目的是为了确定京津冀地区装配式建筑发展水平指标体系中各指标的权重，请您根据研究经验和对装配式建筑发展的了解进行客观公正的评价，以便对京津冀当前装配式建筑发展水平进行科学、准确地评价。

如果您在评价过程中有任何意见或建议，请您在问卷中进行备注，您的反馈对本文的研究有十分重要的意义，感谢您的支持和合作！

1.您现在的身份是（　）。[单选题]*

A. 教师

B. 住建主管部门工作人员

C. 施工人员

D. 房地产工作人员

E. 研究员

2.您接触工业化建筑的时间是（　）。[单选题]*

A. 0～1年

B. 2～3年

C. 3～6年

D. 6～9年

E. 9～12年

F. 12年以上

3.从建设单位的角度出发，您认为京津冀装配式建筑的成本收益水平与传统模式建筑相比如何（　）。[单选题]*

A. 收益远低于传统模式的建筑

B. 收益略低于传统模式的建筑

C. 收益与传统模式的建筑相似

D. 收益略高于传统模式的建筑

E. 收益远高于传统模式的建筑

4. 您认为京津冀地区装配式建筑发展投入的科研经费相对于国家科研投入总经费的占比如何（　）。[单选题]*

A. 很低

B. 较低

C. 一般

D. 较高

E. 很高

5. 您认为京津冀地区建筑产业工人技术熟练程度如何（　）。[单选题]*

A. 技术完全不熟练

B. 技术较不熟练

C. 技术一般熟练

D. 技术较为熟练

E. 技术很熟练

6. 您认为京津冀地区装配式建筑相关配套产业的完善程度（　）。[单选题]*

A. 很不完善

B. 较不完善

C. 中等

D. 较为完善

E. 很完善

[注]：产业链包括技术研发、技术咨询、规划设计、工厂化生产、构配件运输、现场装配施工、室内外装修、市场销售、物业管理、建筑垃圾处理的阶段。

7. 您认为京津冀地区建筑项目在施工组织与管理科学化水平如何（　）。[单选题]*

A. 完全不相适应

B. 较不适应

C. 中等

D. 较为适应

E. 完全适应

8. 您认为京津冀地区装配式建筑发展协同水平如何（　）。[单选题]*

A. 完全无关

B. 较协同

C. 中等

D. 较为紧密

E. 完全协同

[注]：产业链协同指的是产业链上的企业在开发、生产、施工、营销、管理、技术等方面相互配合、相互协调的程度，是实现产业链的高效运转。具体表现为生产协同、物料协同、信息协同及资金协同等方面，该指标反映的是产业主体之间利益关系紧密程度。

9. 您认为京津冀地区政府对装配式建筑发展的支持力度如何（　）。[单选题]*

A. 完全无法适应发展需求

B. 较低程度适应发展需求

C. 一般

D. 较大程度适应发展需求

E. 完全适应发展需求

[注]：政策支持包括土地的支持政策、建筑面积奖励政策、财政支持政策、税收政策、金融政策以及建设环节等优惠政策。

10. 您认为京津冀装配式建筑发展过程中，应用现代化信息手段管理的水平如何（　）。[单选题]*

A. 应用效果很差

B. 应用效果较差

C. 应用效果一般

D. 应用效果较好

E. 应用效果很好

11. 您认为京津冀装配式建筑发展过程中，建筑能够采用通用标准和模式进行设计的水平如何（　）。[单选题]*

A. 很低

B. 较低

C. 一般

D. 较高

E. 很高

12. 您认为京津冀地区建筑项目在施工现场采用机械化与信息化手段组合与安装的水平如何（　）。[单选题]*

A. 很低

B. 较低

C. 一般

D. 较高

E. 很高

13. 您认为京津冀装配式建筑发展过程中，带来的资源优化配置程度如何（　）。[单选题]*

A. 给资源没有带来任何变化

B. 给资源带来的变化很小

C. 给资源带来的变化较小

D. 给资源带来的变化较多

E. 给环境带来的变化很多

14. 您认为京津冀装配式建筑发展过程中，带来的绿色节能水平如何（　）。[单选题]*

A. 给环境没有带来任何变化

B. 给环境带来的变化很小

C. 给环境带来的变化较小

D. 给环境带来的变化较多

E. 给环境带来的变化很多

附件Ⅳ

《国务院办公厅关于大力发展装配式建筑的指导意见》

国办发〔2016〕71号

装配式建筑是用预制部品部件在工地装配而成的建筑。发展装配式建筑是建造方式的重大变革，是推进供给侧结构性改革和新型城镇化发展的重要举措，有利于节约资源能源、减少施工污染、提升劳动生产效率和质量安全水平，有利于促进建筑业与信息化工业化深度融合、培育新产业新动能、推动化解过剩产能。近年来，我国积极探索发展装配式建筑，但建造方式大多仍以现场浇筑为主，装配式建筑比例和规模化程度较低，与发展绿色建筑的有关要求以及先进建造方式相比还有很大差距。为贯彻落实《中共中央　国务院关于进一步加强城市规划建设管理工作的若干意见》和《政府工作报告》部署，大力发展装配式建筑，经国务院同意，现提出以下意见。

一、总体要求

（一）指导思想。全面贯彻党的十八大和十八届三中、四中、五中全会以及中央城镇化工作会议、中央城市工作会议精神，认真落实党中央、国务院决策部署，按照“五位一体”总体布局和“四个全面”战略布局，牢固树立和贯彻落实创新、协调、绿色、开放、共享的发展理念，按照适用、经济、安全、绿色、美观的要求，推动建造方式创新，大力发展装配式混凝土建筑和钢结构建筑，在具备条件的地方倡导发展现代木结构建筑，不断提高装配式建筑在新建建筑中的比例。坚持标准化设计、工厂化生产、装配化施工、一体化装修、信息化管理、智能化应用，提高技术水平和工程质量，促进建筑产业转型升级。

（二）基本原则。坚持市场主导、政府推动。适应市场需求，充分发挥市场在资源配置中的决定性作用，更好发挥政府规划引导和政策支持作用，形成有利的体制机制和市场环境，促进市场主体积极参与、协同配合，有序发展装配式建筑。

坚持分区推进、逐步推广。根据不同地区的经济社会发展状况和产业技术条件，划分重点推进地区、积极推进地区和鼓励推进地区，因地制宜、循序渐进，以点带面、试点先行，及时总结经验，形成局部带动整体的工作格局。

坚持顶层设计、协调发展。把协同推进标准、设计、生产、施工、使用维护等作为发展装配式建筑的有效抓手，推动各个环节有机结合，以建造方式变革促进工程建设全过程提质增效，带动建筑业整体水平的提升。

（三）工作目标。以京津冀、长三角、珠三角三大城市群为重点推进地区，常住人口超过300万的其他城市为积极推进地区，其余城市为鼓励推进地区，因地制宜发展装配式混凝土结构、钢结构和现代木结构等装配式建筑。力争用10年左右的时间，使装配式建筑占新建建筑面积的比例达到30%。同时，逐步完善法律法规、技术标准和监管体系，推动形成一批设计、施工、部品部件规模化生产企业，具有现代装配建造水平的工程总承包企业以及与之相适应的专业化技能队伍。

二、重点任务

（四）健全标准规范体系。加快编制装配式建筑国家标准、行业标准和地方标准，支持企业编制标准、加强技术创新，鼓励社会组织编制团体标准，促进关键技术和成套技术研究成果转化为标准规范。强化建筑材料标准、部品部件标准、工程标准之间的衔接。制修订装配式建筑工程定额等计价依据。完善装配式建筑防火抗震防灾标准。研究建立装配式建筑评价标准和方法。逐步建立完善覆盖设计、生产、施工和使用维护全过程的装配式建筑标准规范体系。

（五）创新装配式建筑设计。统筹建筑结构、机电设备、部品部件、装配施工、装饰装修，推行装配式建筑一体化集成设计。推广通用化、模数化、标准化设计方式，积极应用建筑信息模型技术，提高建筑领域各专业协同设计能力，加强对装配式建筑建设全过程的指导和服务。鼓励设计单位与科研院所、高校等联合开发装配式建筑设计技术和通用设计软件。

（六）优化部品部件生产。引导建筑行业部品部件生产企业合理布局，提高产业聚集度，培育一批技术先进、专业配套、管理规范的骨干企业和生产基地。支持部品部件生产企业完善产品品种和规格，促进专业化、标准化、规模化、信息化生产，优化物流管理，合理组织配送。积极引导设备制造企业研发部品部件生产装备机具，提高自动化和柔性加工技术水平。建立部品部件质量验收机制，确保产品质量。

（七）提升装配施工水平。引导企业研发应用与装配式施工相适应的技术、设备和机具，提高部品部件的装配施工连接质量和建筑安全性能。鼓励企业创新施工组织方式，推行绿色施工，应用结构工程与分部分项工程协同施工新模式。支持施工企业总结编制施工工法，提高装配施工技能，实现技术工艺、组织管理、技能队伍的转变，打造一批具有较高装配施工技术水平的骨干企业。

（八）推进建筑全装修。实行装配式建筑装饰装修与主体结构、机电设备协同施工。积极推广标准化、集成化、模块化的装修模式，促进整体厨卫、轻质隔墙等材料、产品和设备管线集成化技术的应用，提高装配化装修水平。倡导菜单式全装修，满足消费者个性化需求。

（九）推广绿色建材。提高绿色建材在装配式建筑中的应用比例。开发应用品质优良、节能环保、功能良好的新型建筑材料，并加快推进绿色建材评价。鼓励装饰与保温隔热材料一体化应用。推广应用高性能节能门窗。强制淘汰不符合节能环保要求、质量性能差的建筑材料，确保安全、绿色、环保。

（十）推行工程总承包。装配式建筑原则上应采用工程总承包模式，可按照技术复杂类工程项目招投标。工程总承包企业要对工程质量、安全、进度、造价负总责。要健全与装配式建筑总承包相适应的发包承包、施工许可、分包管理、工程造价、质量安全监管、竣工验收等制度，实现工程设计、部品部件生产、施工及采购的统一管理和深度融合，优化项目管理方式。鼓励建立装配式建筑产业技术创新联盟，加大研发投入，增强创新能力。支持大型设计、施工和部品部件生产企业通过调整组织架构、健全管理体系，向具有工程管理、设计、施工、生产、采购能力的工程总承包企业转型。

（十一）确保工程质量安全。完善装配式建筑工程质量安全管理制度，健全质量安全责任体系，落实各方主体质量安全责任。加强全过程监管，建设和监理等相关方可采用驻厂监造等方式加强部品部件生产质量管控；施工企业要加强施工过程质量安全控制和检验检测，完善装配施工质量保证体系；在建筑物明显部位设置永久性标牌，公示质量安全责任主体和主要责任人。加强行业监管，明确符合装配式建筑特点的施工图审查要求，建立全过程质量追溯制度，加大抽查抽测力度，严肃查处质量安全违法违规行为。

三、保障措施

（十二）加强组织领导。各地区要因地制宜研究提出发展装配式建筑的目标和任务，建立健全工作机制，完善配套政策，组织具体实施，确保各项任务落到实处。各有关部门要加大指导、协调和支持力度，将发展装配式建筑作为贯彻落实中央城市工作会议精神的重要工作，列入城市规划建设管理工作监督考核指标体系，定期通报考核结果。

（十三）加大政策支持。建立健全装配式建筑相关法律法规体系。结合节能减排、产业发展、科技创新、污染防治等方面政策，加大对装配式建筑的支持力度。支持符合高新技术企业条件的装配式建筑部品部件生产企业享受相关优惠政策。符合新型墙体材料目录的部品部件生产企业，可按规定享受增值税即征即退优惠政策。在土地供应中，可将发展装配式建筑的相关要求纳入供地方案，并落实到土地使用合同中。鼓励各地结合实际出台支持装配式建筑发展的规划审批、土地供应、基础设施配套、财政金融等相关政策措施。政府投资工程要带头发展装配式建筑，推动装配式建筑“走出去”。在中国人居环境奖评选、国家生态园林城市评估、绿色建筑评价等工作中增加装配式建筑方面的指标要求。

（十四）强化队伍建设。大力培养装配式建筑设计、生产、施工、管理等专业人才。鼓励高等学校、职业学校设置装配式建筑相关课程，推动装配式建筑企业开展校企合作，创新人才培养模式。在建筑行业专业技术人员继续教育中增加装配式建筑相关内容。加大职业技能培训资金投入，建立培训基地，加强岗位技能提升培训，促进建筑业农民工向技术工人转型。加强国际交流合作，积极引进海外专业人才参与装配式建筑的研发、生产和管理。

（十五）做好宣传引导。通过多种形式深入宣传发展装配式建筑的经济社会效益，广泛宣传装配式建筑基本知识，提高社会认知度，营造各方共同关注、支持装配式建筑发展的良好氛围，促进装配式建筑相关产业和市场发展。

附件Ⅴ

《国务院办公厅
关于促进建筑业持续健康发展的意见》

国办发〔2017〕19号

建筑业是国民经济的支柱产业。改革开放以来，我国建筑业快速发展，建造能力不断增强，产业规模不断扩大，吸纳了大量农村转移劳动力，带动了大量关联产业，对经济社会发展、城乡建设和民生改善作出重要贡献。但也要看到，建筑业仍然大而不强，监管体制机制不健全、工程建设组织方式落后、建筑设计水平有待提高、质量安全事故时有发生、市场违法违规行为较多、企业核心竞争力不强、工人技能素质偏低等问题较为突出。为贯彻落实《中共中央　国务院关于进一步加强城市规划建设管理工作的若干意见》，进一步深化建筑业"放管服"改革，加快产业升级，促进建筑业持续健康发展，为新型城镇化提供支撑，经国务院同意，现提出以下意见：

一、总体要求

全面贯彻党的十八大和十八届二中、三中、四中、五中、六中全会以及中央经济工作会议、中央城镇化工作会议、中央城市工作会议精神，深入贯彻习近平总书记系列重要讲话精神和治国理政新理念新思想新战略，认真落实党中央、国务院决策部署，统筹推进"五位一体"总体布局和协调推进"四个全面"战略布局，牢固树立和贯彻落实创新、协调、绿色、开放、共享的发展理念，坚持以推进供给侧结构性改革为主线，按照适用、经济、安全、绿色、美观的要求，深化建筑业"放管服"改革，完善监管体制机制，优化市场环境，提升工程质量安全水平，强化队伍建设，增强企业核心竞争力，促进建筑业持续健康发展，打造"中国建造"品牌。

二、深化建筑业简政放权改革

(一)优化资质资格管理。进一步简化工程建设企业资质类别和等级设置，减少不必要的资质认定。选择部分地区开展试点，对信用良好、具有相关专业技术能力、能够提供足额担保的企业，在其资质类别内放宽承揽业务范围限制，同时，加快完善信用体系、工程担保及个人执业资格等相关配套制度，加强事中事后监管。强化个人执业资格管理，明晰注册执业人员的权利、义务和责任，加大执业责任追究力度。有序发展个人执业事务所，推动建立个人执业保险制度。大力推行“互联网+政务服务”，实行“一站式”网上审批，进一步提高建筑领域行政审批效率。

(二)完善招标投标制度。加快修订《工程建设项目招标范围和规模标准规定》，缩小并严格界定必须进行招标的工程建设项目范围，放宽有关规模标准，防止工程建设项目实行招标“一刀切”。在民间投资的房屋建筑工程中，探索由建设单位自主决定发包方式。将依法必须招标的工程建设项目纳入统一的公共资源交易平台，遵循公平、公正、公开和诚信的原则，规范招标投标行为。进一步简化招标投标程序，尽快实现招标投标交易全过程电子化，推行网上异地评标。对依法通过竞争性谈判或单一来源方式确定供应商的政府采购工程建设项目，符合相应条件的应当颁发施工许可证。

三、完善工程建设组织模式

(三)加快推行工程总承包。装配式建筑原则上应采用工程总承包模式。政府投资工程应完善建设管理模式，带头推行工程总承包。加快完善工程总承包相关的招标投标、施工许可、竣工验收等制度规定。按照总承包负总责的原则，落实工程总承包单位在工程质量安全、进度控制、成本管理等方面的责任。除以暂估价形式包括在工程总承包范围内且依法必须进行招标的项目外，工程总承包单位可以直接发包总承包合同中涵盖的其他专业业务。

(四)培育全过程工程咨询。鼓励投资咨询、勘察、设计、监理、招标代理、造价等企业采取联合经营、并购重组等方式发展全过程工程咨询，培育一批具有国际水平的全过程工程咨询企业。制定全过程工程咨询服务技术标准和合同范本。政府投资工程应带头推行全过程工程咨询，鼓励非政府投资工程委托全过程工程咨询服务。在民用建筑项目中，充分发挥建筑师的主导作用，鼓励提供全过程工程咨询服务。

四、加强工程质量安全管理

（五）严格落实工程质量责任。全面落实各方主体的工程质量责任，特别要强化建设单位的首要责任和勘察、设计、施工单位的主体责任。严格执行工程质量终身责任制，在建筑物明显部位设置永久性标牌，公示质量责任主体和主要责任人。对违反有关规定、造成工程质量事故的，依法给予责任单位停业整顿、降低资质等级、吊销资质证书等行政处罚并通过国家企业信用信息公示系统予以公示，给予注册执业人员暂停执业、吊销资格证书、一定时间直至终身不得进入行业等处罚。对发生工程质量事故造成损失的，要依法追究经济赔偿责任，情节严重的要追究有关单位和人员的法律责任。参与房地产开发的建筑业企业应依法合规经营，提高住宅品质。

（六）加强安全生产管理。全面落实安全生产责任，加强施工现场安全防护，特别要强化对深基坑、高支模、起重机械等危险性较大的分部分项工程的管理，以及对不良地质地区重大工程项目的风险评估或论证。推进信息技术与安全生产深度融合，加快建设建筑施工安全监管信息系统，通过信息化手段加强安全生产管理。建立健全全覆盖、多层次、经常性的安全生产培训制度，提升从业人员安全素质以及各方主体的本质安全水平。

（七）全面提高监管水平。完善工程质量安全法律法规和管理制度，健全企业负责、政府监管、社会监督的工程质量安全保障体系。强化政府对工程质量的监管，明确监管范围，落实监管责任，加大抽查抽测力度，重点加强对涉及公共安全的工程地基基础、主体结构等部位和竣工验收等环节的监督检查。加强工程质量监督队伍建设，监督机构履行职能所需经费由同级财政预算全额保障。政府可采取购买服务的方式，委托具备条件的社会力量进行工程质量监督检查。推进工程质量安全标准化管理，督促各方主体健全质量安全管控机制。强化对工程监理的监管，选择部分地区开展监理单位向政府报告质量监理情况的试点。加强工程质量检测机构管理，严厉打击出具虚假报告等行为。推动发展工程质量保险。

五、优化建筑市场环境

（八）建立统一开放市场。打破区域市场准入壁垒，取消各地区、各行业在法律、行政法规和国务院规定外对建筑业企业设置的不合理准入条件；严禁擅自设立或变相设立审批、备案事项，为建筑业企业提供公平市场环境。完善全国建筑市场监管公共服务平台，加快实现与全国信用信息共享平台和国家企业信用信息公示系统的数据共享交换。建立建筑市场主体黑名单制度，依法依规全面公开企业和个人信用记录，接受社会监督。

（九）加强承包履约管理。引导承包企业以银行保函或担保公司保函的形式，向建设单位提供履约担保。对采用常规通用技术标准的政府投资工程，在原则上实行最低价中标的同时，有效发挥履约担保的作用，防止恶意低价中标，确保工程投资不超预算。严厉查处转包和违法分包等行为。完善工程量清单计价体系和工程造价信息发布机制，形成统一的工程造价计价规则，合理确定和有效控制工程造价。

（十）规范工程价款结算。审计机关应依法加强对以政府投资为主的公共工程建设项目的审计监督，建设单位不得将未完成审计作为延期工程结算、拖欠工程款的理由。未完成竣工结算的项目，有关部门不予办理产权登记。对长期拖欠工程款的单位不得批准新项目开工。严格执行工程预付款制度，及时按合同约定足额向承包单位支付预付款。通过工程款支付担保等经济、法律手段约束建设单位履约行为，预防拖欠工程款。

六、提高从业人员素质

（十一）加快培养建筑人才。积极培育既有国际视野又有民族自信的建筑师队伍。加快培养熟悉国际规则的建筑业高级管理人才。大力推进校企合作，培养建筑业专业人才。加强工程现场管理人员和建筑工人的教育培训。健全建筑业职业技能标准体系，全面实施建筑业技术工人职业技能鉴定制度。发展一批建筑工人技能鉴定机构，开展建筑工人技能评价工作。通过制定施工现场技能工人基本配备标准、发布各个技能等级和工种的人工成本信息等方式，引导企业将工资分配向关键技术技能岗位倾斜。大力弘扬工匠精神，培养高素质建筑工人，到2020年建筑业中级工技能水平以上的建筑工人数量达到300万，2025年达到1000万。

（十二）改革建筑用工制度。推动建筑业劳务企业转型，大力发展木工、电工、砌筑、钢筋制作等以作业为主的专业企业。以专业企业为建筑工人的主要载体，逐步实现建筑工人公司化、专业化管理。鼓励现有专业企业进一步做专做精，增强竞争力，推动形成一批以作业为主的建筑业专业企业。促进建筑业农民工向技术工人转型，着力稳定和扩大建筑业农民工就业创业。建立全国建筑工人管理服务信息平台，开展建筑工人实名制管理，记录建筑工人的身份信息、培训情况、职业技能、从业记录等信息，逐步实现全覆盖。

（十三）保护工人合法权益。全面落实劳动合同制度，加大监察力度，督促施工单位与招用的建筑工人依法签订劳动合同，到2020年基本实现劳动合同全覆盖。健全工资支付保障制度，按照谁用工谁负责和总承包负总责的原则，落实企业工资支付责任，依法按月足额发放工人工资。将存在拖欠工资行为的企业列入黑名单，对其采取限制市场准入等惩戒措施，情节严重的降低资质等级。建立健全与建筑业相适应的社会保险参保缴费方式，大力推进建筑施工单位参加工伤保险。施工单位应履行社会责任，不断改善建筑工人的工作环境，提升职业健康水平，促进建筑工人稳定就业。

七、推进建筑产业现代化

（十四）推广智能和装配式建筑。坚持标准化设计、工厂化生产、装配化施工、一体化装修、信息化管理、智能化应用，推动建造方式创新，大力发展装配式混凝土和钢结构建筑，在具备条件的地方倡导发展现代木结构建筑，不断提高装配式建筑在新建建筑中的比例。力争用10年左右的时间，使装配式建筑占新建建筑面积的比例达到30%。在新建建筑和既有建筑改造中推广普及智能化应用，完善智能化系统运行维护机制，实现建筑舒适安全、节能高效。

（十五）提升建筑设计水平。建筑设计应体现地域特征、民族特点和时代风貌，突出建筑使用功能及节能、节水、节地、节材和环保等要求，提供功能适用、经济合理、安全可靠、技术先进、环境协调的建筑设计产品。健全适应建筑设计特点的招标投标制度，推行设计团队招标、设计方案招标等方式。促进国内外建筑设计企业公平竞争，培育有国际竞争力的建筑设计队伍。倡导开展建筑评论，促进建筑设计理念的融合和升华。

（十六）加强技术研发应用。加快先进建造设备、智能设备的研发、制造和推广应用，提升各类施工机具的性能和效率，提高机械化施工程度。限制和淘汰落后、危险工艺工法，保障生产施工安全。积极支持建筑业科研工作，大幅提高技术创新对产业发展的贡献率。加快推进建筑信息模型（BIM）技术在规划、勘察、设计、施工和运营维护全过程的集成应用，实现工程建设项目全生命周期数据共享和信息化管理，为项目方案优化和科学决策提供依据，促进建筑业提质增效。

（十七）完善工程建设标准。整合精简强制性标准，适度提高安全、质量、性能、健康、节能等强制性指标要求，逐步提高标准水平。积极培育团体标准，鼓励具备相应能力的行业协会、产业联盟等主体共同制定满足市场和创新需要的标准，建立强制性标准与团体标准相结合的标准供给体制，增加标准有效供给。及时开展标准复审，加快标准修订，提高标准的时效性。加强科技研发与标准制定的信息沟通，建立全国工程建设标准专家委员会，为工程建设标准化工作提供技术支撑，提高标准的质量和水平。

八、加快建筑业企业“走出去”

（十八）加强中外标准衔接。积极开展中外标准对比研究，适应国际通行的标准内容结构、要素指标和相关术语，缩小中国标准与国外先进标准的技术差距。加大中国标准外文版翻译和宣传推广力度，以“一带一路”倡议为引领，优先在对外投资、技术输出和援建工程项目中推广应用。积极参加国际标准认证、交流等活动，开展工程技术标准的双边合作。到2025年，实现工程建设国家标准全部有外文版。

（十九）提高对外承包能力。统筹协调建筑业“走出去”，充分发挥我国建筑业企业在高铁、公路、电力、港口、机场、油气长输管道、高层建筑等工程建设方面的比较优势，有目标、有重点、有组织地对外承包工程，参与“一带一路”建设。建筑业企业要加大对国际标准的研究力度，积极适应国际标准，加强对外承包工程质量、履约等方面管理，在援外住房等民生项目中发挥积极作用。鼓励大企业带动中小企业、沿海沿边地区企业合作“出海”，积极有序开拓国际市场，避免恶性竞争。引导对外承包工程企业向项目融资、设计咨询、后续运营维护管理等高附加值的领域有序拓展。推动企业提高属地化经营水平，实现与所在国家和地区互利共赢。

（二十）加大政策扶持力度。加强建筑业“走出去”相关主管部门间的沟通协调和信息共享。到2025年，与大部分“一带一路”沿线国家和地区签订双边工程建设合作备忘录，同时争取在双边自贸协定中纳入相关内容，推进建设领域执业资格国际互认。综合发挥各类金融工具的作用，重点支持对外经济合作中建筑领域的重大战略项目。借鉴国际通行的项目融资模式，按照风险可控、商业可持续原则，加大对建筑业“走出去”的金融支持力度。

各地区、各部门要高度重视深化建筑业改革工作，健全工作机制，明确任务分工，及时研究解决建筑业改革发展中的重大问题，完善相关政策，确保按期完成各项改革任务。加快推动修订建筑法、招标投标法等法律，完善相关法律法规。充分发挥协会商会熟悉行业、贴近企业的优势，及时反映企业诉求，反馈政策落实情况，发挥好规范行业秩序、建立从业人员行为准则、促进企业诚信经营等方面的自律作用。

附件Ⅵ

《关于加快新型建筑工业化发展的若干意见》

建标规〔2020〕8号

新型建筑工业化是通过新一代信息技术驱动，以工程全寿命期系统化集成设计、精益化生产施工为主要手段，整合工程全产业链、价值链和创新链，实现工程建设高效益、高质量、低消耗、低排放的建筑工业化。《国务院办公厅关于大力发展装配式建筑的指导意见》(国办发〔2016〕71号)印发实施以来，以装配式建筑为代表的新型建筑工业化快速推进，建造水平和建筑品质明显提高。为全面贯彻新发展理念，推动城乡建设绿色发展和高质量发展，以新型建筑工业化带动建筑业全面转型升级，打造具有国际竞争力的“中国建造”品牌，提出以下意见。

一、加强系统化集成设计

(一)推动全产业链协同。推行新型建筑工业化项目建筑师负责制，鼓励设计单位提供全过程咨询服务。优化项目前期技术策划方案，统筹规划设计、构件和部品部件生产运输、施工安装和运营维护管理。引导建设单位和工程总承包单位以建筑最终产品和综合效益为目标，推进产业链上下游资源共享、系统集成和联动发展。

(二)促进多专业协同。通过数字化设计手段推进建筑、结构、设备管线、装修等多专业一体化集成设计，提高建筑整体性，避免二次拆分设计，确保设计深度符合生产和施工要求，发挥新型建筑工业化系统集成综合优势。

(三)推进标准化设计。完善设计选型标准，实施建筑平面、立面、构件和部品部件、接口标准化设计，推广少规格、多组合设计方法，以学校、医院、办公楼、酒店、住宅等为重点，强化设计引领，推广装配式建筑体系。

(四)强化设计方案技术论证。落实新型建筑工业化项目标准化设计、工业化建造与建筑风貌有机统一的建筑设计要求，塑造城市特色风貌。在建筑设计方案审查阶段，加强对新型建筑工业化项目设计要求落实情况的论证，避免建筑风貌千篇一律。

二、优化构件和部品部件生产

（五）推动构件和部件标准化。编制主要构件尺寸指南，推进型钢和混凝土构件以及预制混凝土墙板、叠合楼板、楼梯等通用部件的工厂化生产，满足标准化设计选型要求，扩大标准化构件和部品部件使用规模，逐步降低构件和部件生产成本。

（六）完善集成化建筑部品。编制集成化、模块化建筑部品相关标准图集，提高整体卫浴、集成厨房、整体门窗等建筑部品的产业配套能力，逐步形成标准化、系列化的建筑部品供应体系。

（七）促进产能供需平衡。综合考虑构件、部品部件运输和服务半径，引导产能合理布局，加强市场信息监测，定期发布构件和部品部件产能供需情况，提高产能利用率。

（八）推进构件和部品部件认证工作。编制新型建筑工业化构件和部品部件相关技术要求，推行质量认证制度，健全配套保险制度，提高产品配套能力和质量水平。

（九）推广应用绿色建材。发展安全健康、环境友好、性能优良的新型建材，推进绿色建材认证和推广应用，推动装配式建筑等新型建筑工业化项目率先采用绿色建材，逐步提高城镇新建建筑中绿色建材应用比例。

三、推广精益化施工

（十）大力发展钢结构建筑。鼓励医院、学校等公共建筑优先采用钢结构，积极推进钢结构住宅和农房建设。完善钢结构建筑防火、防腐等性能与技术措施，加大热轧H型钢、耐候钢和耐火钢应用，推动钢结构建筑关键技术和相关产业全面发展。

（十一）推广装配式混凝土建筑。完善适用于不同建筑类型的装配式混凝土建筑结构体系，加大高性能混凝土、高强钢筋和消能减震、预应力技术的集成应用。在保障性住房和商品住宅中积极应用装配式混凝土结构，鼓励有条件的地区全面推广应用预制内隔墙、预制楼梯板和预制楼板。

（十二）推进建筑全装修。装配式建筑、星级绿色建筑工程项目应推广全装修，积极发展成品住宅，倡导菜单式全装修，满足消费者个性化需求。推进装配化装修方式在商品住房项目中的应用，推广管线分离、一体化装修技术，推广集成化模块化建筑部品，提高装修品质，降低运行维护成本。

（十三）优化施工工艺工法。推行装配化绿色施工方式，引导施工企业研发与精益化施工相适应的部品部件吊装、运输与堆放、部品部件连接等施工工艺工法，推广应用钢筋定位钢板等配套装备和机具，在材料搬运、钢筋加工、高空焊接等环节提升现场施工工业化水平。

（十四）创新施工组织方式。完善与新型建筑工业化相适应的精益化施工组织方式，推广设计、采购、生产、施工一体化模式，实行装配式建筑装饰装修与主体结构、机电设备协同施工，发挥结构与装修穿插施工优势，提高施工现场精细化管理水平。

（十五）提高施工质量和效益。加强构件和部品部件进场、施工安装、节点连接灌浆、密封防水等关键部位和工序质量安全管控，强化对施工管理人员和一线作业人员的质量安全技术交底，通过全过程组织管理和技术优化集成，全面提升施工质量和效益。

四、加快信息技术融合发展

（十六）大力推广建筑信息模型（BIM）技术。加快推进BIM技术在新型建筑工业化全寿命期的一体化集成应用。充分利用社会资源，共同建立、维护基于BIM技术的标准化部品部件库，实现设计、采购、生产、建造、交付、运行维护等阶段的信息互联互通和交互共享。试点推进BIM报建审批和施工图BIM审图模式，推进与城市信息模型（CIM）平台的融通联动，提高信息化监管能力，提高建筑行业全产业链资源配置效率。

（十七）加快应用大数据技术。推动大数据技术在工程项目管理、招标投标环节和信用体系建设中的应用，依托全国建筑市场监管公共服务平台，汇聚整合和分析相关企业、项目、从业人员和信用信息等相关大数据，支撑市场监测和数据分析，提高建筑行业公共服务能力和监管效率。

（十八）推广应用物联网技术。推动传感器网络、低功耗广域网、5G、边缘计算、射频识别（RFID）及二维码识别等物联网技术在智慧工地的集成应用，发展可穿戴设备，提高建筑工人健康及安全监测能力，推动物联网技术在监控管理、节能减排和智能建筑中的应用。

（十九）推进发展智能建造技术。加快新型建筑工业化与高端制造业深度融合，搭建建筑产业互联网平台。推动智能光伏应用示范，促进与建筑相结合的光伏发电系统应用。开展生产装备、施工设备的智能化升级行动，鼓励应用建筑机器人、工业机器人、智能移动终端等智能设备。推广智能家居、智能办公、楼宇自动化系统，提升建筑的便捷性和舒适度。

五、创新组织管理模式

（二十）大力推行工程总承包。新型建筑工业化项目积极推行工程总承包模式，促进设计、生产、施工深度融合。引导骨干企业提高项目管理、技术创新和资源配置能力，培育具有综合管理能力的工程总承包企业，落实工程总承包单位的主体责任，保障工程总承包单位的合法权益。

（二十一）发展全过程工程咨询。大力发展以市场需求为导向、满足委托方多样化需求的全过程工程咨询服务，培育具备勘察、设计、监理、招标代理、造价等业务能力的全过程工程咨询企业。

（二十二）完善预制构件监管。加强预制构件质量管理，积极采用驻厂监造制度，实行全过程质量责任追溯，鼓励采用构件生产企业备案管理、构件质量飞行检查等手段，建立长效机制。

（二十三）探索工程保险制度。建立完善工程质量保险和担保制度，通过保险的风险事故预防和费率调节机制帮助企业加强风险管控，保障建筑工程质量。

（二十四）建立使用者监督机制。编制绿色住宅购房人验房指南，鼓励将住宅绿色性能和全装修质量相关指标纳入商品房买卖合同、住宅质量保证书和住宅使用说明书，明确质量保修责任和纠纷处理方式，保障购房人权益。

六、强化科技支撑

（二十五）培育科技创新基地。组建一批新型建筑工业化技术创新中心、重点实验室等创新基地，鼓励骨干企业、高等院校、科研院所等联合建立新型建筑工业化产业技术创新联盟。

（二十六）加大科技研发力度。大力支持BIM底层平台软件的研发，加大钢结构住宅在围护体系、材料性能、连接工艺等方面的联合攻关，加快装配式混凝土结构灌浆质量检测和高效连接技术研发，加强建筑机器人等智能建造技术产品研发。

（二十七）推动科技成果转化。建立新型建筑工业化重大科技成果库，加大科技成果公开，促进科技成果转化应用，推动建筑领域新技术、新材料、新产品、新工艺创新发展。

七、加快专业人才培育

（二十八）培育专业技术管理人才。大力培养新型建筑工业化专业人才，壮大设计、生产、施工、管理等方面人才队伍，加强新型建筑工业化专业技术人员继续教育，鼓励企业建立首席信息官（CIO）制度。

（二十九）培育技能型产业工人。深化建筑用工制度改革，完善建筑业从业人员技能水平评价体系，促进学历证书与职业技能等级证书融通衔接。打通建筑工人职业化发展道路，弘扬工匠精神，加强职业技能培训，大力培育产业工人队伍。

（三十）加大后备人才培养。推动新型建筑工业化相关企业开展校企合作，支持校企共建一批现代产业学院，支持院校对接建筑行业发展新需求、新业态、新技术，开设装配式建筑相关课程，创新人才培养模式，提供专业人才保障。

八、开展新型建筑工业化项目评价

（三十一）制定评价标准。建立新型建筑工业化项目评价技术指标体系，重点突出信息化技术应用情况，引领建筑工程项目不断提高劳动生产率和建筑品质。

（三十二）建立评价结果应用机制。鼓励新型建筑工业化项目单位在项目竣工后，按照评价标准开展自评价或委托第三方评价，积极探索区域性新型建筑工业化系统评价，评价结果可作为奖励政策重要参考。

九、加大政策扶持力度

（三十三）强化项目落地。各地住房和城乡建设部门要会同有关部门组织编制新型建筑工业化专项规划和年度发展计划，明确发展目标、重点任务和具体实施范围。要加大推进力度，在项目立项、项目审批、项目管理各环节明确新型建筑工业化的鼓励性措施。政府投资工程要带头按照新型建筑工业化方式建设，鼓励支持社会投资项目采用新型建筑工业化方式。

（三十四）加大金融扶持。支持新型建筑工业化企业通过发行企业债券、公司债券等方式开展融资。完善绿色金融支持新型建筑工业化的政策环境，积极探索多元化绿色金融支持方式，对达到绿色建筑星级标准的新型建筑工业化项目给予绿色金融支持。用好国家绿色发展基金，在不新增隐性债务的前提下鼓励各地设立专项基金。

（三十五）加大环保政策支持。支持施工企业做好环境影响评价和监测，在重污染天气期间，装配式等新型建筑工业化项目在非土石方作业的施工环节可以不停工。建立建筑垃圾排放限额标准，开展施工现场建筑垃圾排放公示，鼓励各地对施工现场达到建筑垃圾减量化要求的施工企业给予奖励。

（三十六）加强科技推广支持。推动国家重点研发计划和科研项目支持新型建筑工业化技术研发，鼓励各地优先将新型建筑工业化相关技术纳入住房和城乡建设领域推广应用技术公告和科技成果推广目录。

（三十七）加大评奖评优政策支持。将城市新型建筑工业化发展水平纳入中国人居环境奖评选、国家生态园林城市评估指标体系。大力支持新型建筑工业化项目参与绿色建筑创新奖评选。

参考文献

[1] 叶明主编.装配式建筑概论[M].北京：中国建筑工业出版社，2018.

[2] 毛志兵主编；李云贵，郭海山副主编.建筑工程新型建造方式[M].北京：中国建筑工业出版社，2018.

[3] 郭学明主编.装配式混凝土结构建筑的设计、制作与施工[M].北京：机械工业出版社，2017.

[4] 住房和城乡建设部科技与产业化发展中心（住房和城乡建设部住宅产业化促进中心）主编.中国装配式建筑发展报告2017版[M].北京：中国建筑工业出版社，2017.

[5] 住房和城乡建设部住宅产业化促进中心编；文林峰主编；刘美霞，武振，武洁青副主编.大力推广装配式建筑必读技术、标准、成本与效益[M].北京：中国建筑工业出版社，2016.

[6] 牛文元.可持续发展理论的内涵认知——纪念联合国里约环发大会20周年[J].中国人口·资源与环境，2012，22(05)：9-14.

[7] 叶明.装配式建筑是建造方式的重大变革[J].中华建设，2018(05)：8-12.

[8] 方行明，魏静，郭丽丽.可持续发展理论的反思与重构[J].经济学家，2017(03)：24-31.

[9] 齐宝库，张阳.装配式建筑发展瓶颈与对策研究[J].沈阳建筑大学学报(社会科学版)，2015，17(02)：156-159.

[10] 刘晓君，李丹丹.装配式建筑开发意愿的影响因素及作用机理研究[J].建筑经济，2019，40(07)：53-57.

[11] 刘晓君，刘欣惠.装配式建筑产业基地选址影响因素分析[J].数学的实践与认识，2019，49(02)：76-83.

[12] 蒋勤俭.国内外装配式混凝土建筑发展综述[J].建筑技术，2010，41(12)：1074-1077.

[13] 王俊，赵基达，胡宗羽.我国建筑工业化发展现状与思考[J].土木工程学报，2016，49(05)：1-8.

[14] 刘康宁，张守健，苏义坤.装配式建筑管理领域研究综述[J].土木工程与管理学报，2018，35(06)：163-170+177.

[15] 赵丽坤，张綦斌，纪颖波，段朝晖.中国装配式建筑产业区域发展水平评价[J].土木工程与管理学报，2019，36(01)：55-61.

[16] 边晶梅，王震龙，刘霞.基于主成分分析的装配式建筑发展制约因素研究[J].建筑经济，2021，42(02)：76-80.

[17] 宋诺，姜永生，王德东.装配式建筑与传统建筑施工阶段可持续性差异研究——基于某项目的实证分析[J].工程管理学报，2017，31(06)：34-38.

[18] 石振武，王金茹.绿色供应链视角下装配式建筑可持续性评价研究[J].工程管理学报，2020，34(02)：32-37.

[19] 刘子琦，张云宁，欧阳红祥，等.基于云物元理论的装配式建筑供应链可持续性评价[J].土木工程与管理学报，2020，37(03)：109-115.

[20] Weisheng L，Hongping Y. Investigating waste reduction potential in the upstream processes of offshore prefabrication construction[J]. Renewable and Sustainable Energy Reviews，2013，28：804-811.

[21] Ya H D，Lara J，Peggy C，et al. Comparing carbon emissions of precast and cast-in-situ construction methods – A case study of high-rise private building[J]. Construction and Building Materials，2015，99：39-53.

[22] Oriol P，Gerardo W. Environmental impacts of prefabricated school buildings in Catalonia[J]. Habitat International，2011，35(4)：553-563.

[23] Mao C，Shen Q，Shen L，et al. Comparative study of greenhouse gas emissions between off-site prefabrication and conventional construction methods：Two case studies of residential projects[J]. Energy and Buildings，2013，66：165-176.

[24] JingJing W，Danielle D T，Martin M，et al. Life cycle impact comparison of different concrete floor slabs considering uncertainty and sensitivity analysis[J]. Journal of Cleaner Production，2018，189：374-385.

[25] Jaewook J，Taehoon H，Changyoon J，et al. An integrated evaluation of productivity，cost and CO_2 emission between prefabricated and conventional columns[J]. Journal of Cleaner Production，2017，142：2393-2406.

[26] 陈国宏，李美娟.基于方法集的综合评价方法集化研究[J].中国管理科学，2004(01)：102-106.

[27] 苏为华编著.多指标综合评价理论与方法研究[M].北京：中国物价出版社，2001.

[28] 苏为华.论统计指标体系的构造方法[J].统计研究，1995(02)：63-66.

[29] 邓聚龙.灰色系统基本方法[M].华中科技大学出版社，2005.

[30] 王宗军.综合评价的方法、问题及其研究趋势[J].管理科学学报，1998(01)：75-81.

[31] 杜栋等.现代综合评价方法与案例精选[M].清华大学出版社，2015.

[32] 丁桂丽，徐峰.装配式建筑装配方案评价指标体系[J].土木工程与管理学报，2019，36（05）：137-143.
[33] 任晓宇，周亚萍，郭树荣.全生命周期视角下装配式建筑可持续发展评价体系研究[J].建筑经济，2019，40(09)：95-99.
[34] 徐雨濛.我国装配式建筑的可持续性发展研究[D].武汉工程大学，2015.
[35] 刘若南，张健，王羽，黄臣，郭志鹏.中国装配式建筑发展背景及现状[J].住宅与房地产，2019(32)：32-47.
[36] 刘康宁，张守健，苏义坤.装配式建筑管理领域研究综述[J].土木工程与管理学报，2018，35(06)：163-170+177.
[37] 陈伟，孙翔君，王朝晖，陈荣亮，李辉.装配式建筑预制构件质量链管控SD模型[J].土木工程与管理学报，2020，37(06)：14-20.
[38] 李丽红，邱羽，王晓楠，杨毅.装配式建筑激励政策实施效果评价概念模型研究[J].建筑经济，2020，41(10)：110-114.
[39] 陈伟，武亚帅，邹松，李辉，童明德.基于SEM的装配式建筑建造成本影响因素分析[J].土木工程与管理学报，2019，36(05)：50-55.
[40] 常春光，吴溪.装配式建筑施工安全风险评价研究[J].建筑经济，2018，39(08)：49-52.
[41] 刘东卫.推进装配式装修 促进装配式建筑发展[J].建筑，2016(22)：11-15.
[42] 陈伟，付杰，熊付刚，杨劼.装配式建筑工程施工安全灰色聚类测评模型[J].中国安全科学学报，2016，26(11)：70-75.
[43] 刘美霞.国外发展装配式建筑的实践与经验借鉴[J].住宅产业，2016(10)：16-20.
[44] 杨家骥，刘美霞.我国装配式建筑的发展沿革[J].住宅产业，2016(08)：14-21.
[45] 齐宝库，王丹，白庶，靳林超.预制装配式建筑施工常见质量问题与防范措施[J].建筑经济，2016，37(05)：28-30.
[46] 康晓辉.基于可持续发展理论的京津冀建筑产业化发展水平评价研究[D].北京建筑大学，2020.
[47] 金占勇，邱宵慧，孙金颖，王颖，康晓辉.基于三方博弈的装配式建筑发展经济激励研究[J].建筑经济，2020，41(01)：22-28.
[48] 康晓辉，孙金颖，金占勇，王颖.装配式建筑发展效率影响因素分析[J].建筑经济，2019，40(03)：19-22.
[49] 白庶，张艳坤，韩凤，张德海，李微.BIM技术在装配式建筑中的应用价值分析[J].建筑经济，2015，36(11)：106-109.
[50] 刘康.预制装配式混凝土建筑在住宅产业化中的发展及前景[J].建筑技术开发，2015，42(01)：7-15.
[51] 顾泰昌.国内外装配式建筑发展现状[J].工程建设标准化，2014(08)：48-51.

[52] 李丽红，耿博慧，齐宝库，雷云霞，栾岚.装配式建筑工程与现浇建筑工程成本对比与实证研究[J].建筑经济，2013(09)：102-105.

[53] 刘学军，詹雷颖，班志鹏主编.装配式建筑概论[M].重庆：重庆大学出版社，2020.